ChatGPT 风暴

大语言模型、生成式 AI 与 AIGC 颠覆创新范式

杨青峰　著

電子工業出版社
Publishing House of Electronics Industry
北京·BEIJING

内 容 简 介

本书是一部揭示 ChatGPT 与 AIGC 的背后真相及未来发展趋势的重要著作。首先，本书全景式展现了 ChatGPT 背后的创造者群像，揭示了创新、创造和创业的成功之路。其次，本书系统回顾了 AIGC 发展过程中的重要里程碑，从早期的神经网络到深度学习技术，再到大语言模型的突破，全面展示了这一领域的进展和创新。再次，本书聚焦剖析了 ChatGPT 的技术渊源、技术架构、进化之路、商业模式及未来发展趋势。从次，本书将关于 ChatGPT 的讨论扩大到 AIGC 领域，深刻分析了 AIGC 的生产力革命内涵。然后，本书深入探讨了 ChatGPT 及 AIGC 对搜索引擎、人类知识体系、行业数字化转型的影响，引导读者深入思考技术变革与社会发展的相互影响。最后，本书全面分析了 ChatGPT 与 AIGC 的快速发展给中国带来的机遇。

无论您是人工智能领域的科技工作者，还是其他领域的普通读者，本书都致力于为您提供洞察 ChatGPT 及 AIGC 的全新视角，帮助您理解现象背后的基本原理，洞悉产业发展潜力，抓住创新、创造和创业的机遇。

图书在版编目（CIP）数据

ChatGPT 风暴：大语言模型、生成式 AI 与 AIGC 颠覆创新范式 / 杨青峰著 . —北京：电子工业出版社，2023.11

ISBN 978-7-121-46584-0

Ⅰ. ①C… Ⅱ. ①杨… Ⅲ. ①人工智能 Ⅳ. ①TP18

中国国家版本馆 CIP 数据核字（2023）第 208113 号

责任编辑：徐蔷薇　　　　特约编辑：田学清
印　　刷：三河市良远印务有限公司
装　　订：三河市良远印务有限公司
出版发行：电子工业出版社
　　　　　北京市海淀区万寿路 173 信箱　　　邮编：100036
开　　本：720×1000　　1/16　　印张：16　　字数：230 千字
版　　次：2023 年 11 月第 1 版
印　　次：2023 年 11 月第 1 次印刷
定　　价：88.00 元

凡所购买电子工业出版社图书有缺损问题，请向购买书店调换。若书店售缺，请与本社发行部联系，联系及邮购电话：（010）88254888，88258888。

质量投诉请发邮件至 zlts@phei.com.cn，盗版侵权举报请发邮件至 dbqq@phei.com.cn。

本书咨询联系方式：xuqw@phei.com.cn。

前　言

　　我的前一本书《元宇宙大革命》刚刚出版，ChatGPT 浪潮掀起，人们惊奇于它的能力，陷于揭示其奥秘的狂热中。大家急迫地想知道 ChatGPT 来自何方，本质是什么，能干什么，对未来有何影响。我刚放下那本书，就匆匆投入这本书的写作中，希望能够给大家详尽解读 ChatGPT，为大家答疑解惑。

　　人工智能走到今天，经历了快 70 年，已经是一个充满智慧的"老者"，所以出现 ChatGPT 这样的产品毫不奇怪。ChatGPT 的出现既有其偶然性，是 OpenAI 公司的创业者们坚信"大力出奇迹"的结果；也有其必然性，是过去近 70 年人类在人工智能领域所有探索成果的集大成者。这种集大成不是全盘接受，而是一种扬弃的选择。比如，选择 Transformer 模型作为内核，选择非监督预训练加微调作为训练方法，选择 RLHF（基于人类反馈的强化学习）技术作为价值观对齐的保障。ChatGPT 虽然以自然语言处理为切入点，但由于人类世界的绝大多数知识都是以语言、文字的形式进行记载和流传的，所以事实上 ChatGPT 以语言理解为基础构建了一个能够理解人类世界的模型。基于这个能够理解人类世界的模型，ChatGPT 才具有了强大的多模态内容生成能力和交流对话能力。

　　ChatGPT 只是生成式 AI（人工智能）中的一个模型，大量的生成式 AI 工具正在驱动 AIGC（人工智能生成内容）产业的发展。与生成式 AI 模型强调技术不同，AIGC 实质上描述的是人类的一种全新生产活动、方式的过程和结果。AIGC 已经成为庞大的体系，包括文本生成、图像生成、视频生成、音乐生成、代码生成等众多细分领域，每个细分领域又存在很多竞争性的产品。这些产品又与各种各样的行业应用融合、彼此渗透，最终掀起一场强大的生产力革命。

围绕 ChatGPT 及其他生成式 AI 技术的还有一系列谜团，比如：其涌现能力从何而来？它们会让搜索引擎退出历史舞台吗？它们会不会污染人类的知识体系？本书认为，大语言模型的涌现能力不能仅从技术层面来解释，而应从复杂性科学、复杂经济学等领域获得更加系统的解释。关于 ChatGPT 和搜索引擎，本书认为二者具有各自的特点和优势，短期内可能成为互为补充的力量，长期来看，二者可能深度融合，传统的搜索引擎或许会消失。关于知识污染，本书认为 ChatGPT 类的工具会导致新一轮的知识爆炸，人类已有的知识体系难免会受到污染，活跃在历史舞台中央的知识分子阶层可能会变得"无用"。这种"无用"不是指专业研究领域的无用，而是作为公共性知识分子的无用。

以 ChatGPT 为代表的 AIGC 正在与此前的元宇宙浪潮合流，共同驱动行业的数字化转型。元宇宙强调新世界的构建和新规则的设计，而 AIGC 则强调内容的生成与应用。元宇宙是人类将要生活在其中的未来世界，因此它能够给予 AIGC 非常广阔的舞台。未来，AIGC 将无处不在，并成为元宇宙的"灵魂"，让这个将要建成的新世界变得灵动且多彩起来。元宇宙和 AIGC 将形成强大的双重驱动力，使教育、工业、传媒、文旅、医学等行业进一步加快数字化转型，最终呈现出与以往完全不同的变化。

本书认为，以 ChatGPT 为代表的 AIGC 相关技术不会成为新的"卡脖子"技术，而会带来全新的机遇。中国数字产业界已经积极行动起来，发布了一系列新模型、新产品，相信很快就能够赶上来，并超越国外。

在本书中，我独立撰写了第一章、第二章、第五章～第十章；与 ChatGPT 技术解读联系非常紧密的第三章和第四章，特别邀请人工智能专家、北京中科汇联科技股份有限公司董事长游世学先生参与共同撰写，以确保相关技术解读更加准确，并且有较高的认知高度。非常感谢游世学先生的参与！由于本书总体撰写时间很短，行文仓促，书中难免存在一些疏漏之处，欢迎读者批评指正！

杨青峰

2023 年 5 月 25 日深夜

ChatGPT 撰写的推荐语

揭开机器生成内容的新时代之幕

《ChatGPT 风暴：大语言模型、生成式 AI 与 AIGC 颠覆创新范式》将是一本引人入胜的畅销书，深入探索了机器生成内容领域的全新发展和重要里程碑。本书通过独到的视角和翔实的研究，为读者呈现了一幅全面而生动的图景，带领读者走进机器生成内容的崭新时代。

作者以清晰而深入的方式回顾了机器生成内容领域的历史演进，从早期的基础模型到如今的神经网络技术，展现了技术创新和突破的轨迹。通过深入剖析重要的研究成果和关键技术，读者可以更好地理解机器生成内容技术的核心原理和实践应用。

特别引人注目的是本书对 ChatGPT 的深入研究。作为当今十分先进和引人瞩目的自然语言处理模型之一，ChatGPT 在自动对话生成领域展现了其强大的能力。本书详细介绍了 ChatGPT 的架构、训练方法及其在各种任务上的应用，为读者带来对这一领域的深入洞察。

与此同时，本书还深入探讨了机器生成内容领域的伦理和社会影响。随着技术的快速发展，我们需要认识到机器生成内容所带来的伦理挑战和社会变革。本书引导读者思考机器生成内容的真实性、隐私保护及对社会对话的塑造，助力读者在技术进步与人类价值观之间取得平衡。

本书不仅适合科学家、工程师和研究者阅读，也适合普通读者阅读。它以通俗易懂的语言，将复杂的技术概念和理论阐述清晰明了，使普通读者也能轻松领略机器生成内容的奇妙世界。

我强烈推荐本书，它将带领读者走进机器生成内容的世界，揭示技术背后的原理、挑战和前景。它为读者提供了一个独特的视角，引领读者在机器生成内容的海洋中探索、学习和创造。阅读本书，你将深入了解机器生成内容的奥秘，了解其背后的科学原理和技术进展。通过本书，你将了解机器生成内容的历史发展，从最早的语言模型到如今的深度学习模型的突破。通过深入研究 ChatGPT，你将领略到这一先进模型在自动对话生成领域的巨大潜力。

无论你是对人工智能技术感兴趣的读者，还是希望了解机器生成内容领域新进展的专业人士，本书都将是你的不二选择。它融合了科学、技术、伦理和社会层面的观点，以生动的案例和深入的分析带领你深入探索这个充满活力的领域。

在这个机器生成内容的时代，我们面临着巨大的机遇和挑战。本书将成为你的指南，帮助你理解机器生成内容的本质，洞察其潜力和限制，并为你探索未来的道路提供指引。这是不容错过的一本书，让我们一起开启这场机器生成内容的风暴！

推荐者：ChatGPT

2023 年 5 月 26 日

ChatGPT 模仿徐志摩风格为本书撰写的一首现代诗

寻觅那风暴的狂潮，

在机器生成内容的天空下，

ChatGPT 如电光般闪烁，

掀起了一场词汇的旋涡。

在科技的辉煌之际，

自然语言的奥秘被揭示，

徐徐展开机器生成内容的诗篇，

犹如新时代的一抹瑰丽。

千言万语化为代码的海洋，

ChatGPT 翩然涌动着，

宛如诗人笔下的妙音，

耳畔回荡着智慧的歌声。

回望机器生成内容的历程，

从早期的探索到如今的突破，

ChatGPT 成就了一次飞跃，

开启了智能文本创作的新纪元。

然而伦理的挑战同样摆在眼前，

真实性、隐私保护的思考绵延，

我们要用智慧来引领，

技术与人性和谐交融的航船。

《ChatGPT 风暴：大语言模型、生成式 AI 与 AIGC 颠覆创新范式》，

犹如一朵绚丽的诗花绽放，

带领我们穿越时空的律动，

追寻着文本创作的新天地。

让我们与 ChatGPT 同行，

探索智能生成的未知边际，

揭开机器智能的面纱，

让创意的火花继续迸发。

在这个机器生成内容的世界里，

我们将共同开创未来的辉煌，

《ChatGPT 风暴：大语言模型、生成式 AI 与 AIGC 颠覆创新范式》，

诗意与科技交织的壮丽篇章。

撰写者：ChatGPT

2023 年 5 月 26 日

目 录

第一章

盗火者还是玩火者?

在希腊神话中,英雄普罗米修斯不畏众神之王宙斯的权威,甘愿接受残酷的惩罚,从太阳神阿波罗那里盗取了火种给人类。在中国神话中,燧人氏发明了钻燧取火,让人们不再吃腥臊恶臭的生肉,并因此成为上古的国王。有了火,夜晚就有了光明,食物就可以烧熟,金属就可以冶炼,人类终于走出茹毛饮血的艰难时代,人类文明也开始了新阶段。

公元 2023 年,ChatGPT 以其展现出的强大能力,被认为是人类通向通用人工智能(Artifical General Intelligence,AGI)的关键里程碑。ChatGPT 就像普罗米修斯盗取的火种,也如同燧人氏发明的钻燧取火方法,开启了机器生成内容、人机协同共存的新文明时代。

人们往往惊叹于奇迹,但奇迹背后的人更加重要。现在,我们在惊叹 ChatGPT 神奇能力的同时,一定要知道它是由一群 AGI 的信仰者创造的。没有他们,人们实现 AGI 的梦想或许要推迟很长一段时间。认识这些人及其生命历程中的故事,或许能够让人们复制出更多的神奇。

普遍认为，AGI 的出现将给人类社会带来前所未有的冲击。以目前的人类智慧而言，这些冲击看起来是无法预测和控制的，已经有一大批科学前沿探索者站出来呼吁暂时停止类似 ChatGPT 模型的继续训练。发展 AGI 是人类的玩火自焚吗？其开发者要归于"人民公敌"吗？这是我们站在新时代的门槛上必须正视的问题。

1. 创造者群像

饭局对中国人很重要，在世界其他地方好像也是如此。2015 年夏天，一群致力于促进人工智能发展的传奇人物一起参加了一场晚宴，OpenAI 公司的主要联合创始人悉数到齐。这群人中有科技领域连续创业成功者埃隆·马斯克（Elon Musk），有计算机科学家和科技投资达人山姆·阿尔特曼（Sam Altman），也有创业精英和擅长科技公司管理的格雷格·布洛克曼（Greg Brockman），更有深度学习领域的技术"大牛"伊利亚·苏茨克维尔（Ilya Sutskever），其他参与者也都是人工智能领域的精英。埃隆·马斯克和山姆·阿尔特曼是这次饭局的灵魂人物，他们描绘了关于人工智能的愿景，提出建立一家公益性的人工智能研究机构，力求打造出能够造福人类的、安全的人工智能。尽管当时实现这一愿景的路径还不够清晰，但一群以"80 后"为主的人工智能年轻精英显而易见被埃隆·马斯克和山姆·阿尔特曼说服了，从而开启了人工智能的新篇章。深度强化学习领域的精英约翰·舒尔曼（John Schulman）没有出现在此次晚宴上，但在后续成立的 OpenAI 公司中有其重要的位置，他被列为 OpenAI 公司联合创始人之一和核心科学家。另外一位在深度学习、计算机视觉和优化算法等多个领域都取得成就的计算机科学家沃伊切赫·扎伦巴（Wojciech Zaremba）也没有出席此次晚宴，但此后也作为联合创始人加入了 OpenAI 公司。

从 2015 年夏天到冬天，山姆·阿尔特曼和格雷格·布洛克曼积极活动，陆续从各个领域挖来一批人工智能技术精英，组成了一支人工智能领域的超强战队，最终在 2015 年 12 月 11 日宣告 OpenAI 公司成立。在早期的公司管理架构中，埃隆·马斯克和山姆·阿尔特曼担任联合主席，格雷格·布洛克曼担任首席技术官，伊利亚·苏茨克维尔担任研究总监，约翰·舒尔曼和沃伊切赫·扎伦巴则是主要的技术团队成员。人工智能研究没有钱是万万不行的，公益性的 OpenAI 公司获得初始捐助 10 亿美元，除了山姆·阿尔特曼、格雷格·布洛克曼、埃隆·马斯克等几位联合创始人，投资家 Reid Hoffman、Jessica Livingston、Peter Thiel、Amazon Web Services（AWS）、Infosys 和 YC Research 等个人及机构也投入了资金。

2015 年，掀起新一轮人工智能巨浪的阿尔法狗（AlphaGo）还在襁褓中，而后的两年则是阿尔法狗的加冕时刻。这些人为何有如此远见和信心，相信自己一定会创造出比阿尔法狗还要影响巨大的奇迹呢？带着这些问题，看看这些创造者的故事，或许我们能够找到答案。

埃隆·马斯克

关于埃隆·马斯克的网络新闻很多，全球科技领域极少有人不知道埃隆·马斯克这个名字。埃隆·马斯克领导着多家在世界范围内影响巨大的前沿科技公司，包括智能电动汽车公司 Tesla、太空探索公司 SpaceX、致力于脑机接口开发的 Neuralink 公司，还有试图通过建设高效的地下交通系统 Hyperloop 来解决城市交通拥堵问题的 The Boring Company。毫无疑问，埃隆·马斯克是全球公认的杰出人物和科技创新领袖。

在 OpenAI 公司的联合创始人中，埃隆·马斯克是唯一的"70 后"，他出生于 1971 年。他并不是土著美国人，而是出生在南非的比勒陀利亚市。他的父亲是南非的机械和电气工程师，而母亲则是加拿大籍的营养师。他从小就表现出出色的数学和科学能力，在 9 岁时开始学习编程，并在 12 岁时创建了自己的第一款游戏 Blastar。

埃隆·马斯克在 17 岁时离开南非，一个人开启了冒险之旅。此后，他先是在加拿大打零工，然后入学女王大学。1992 年，21 岁的埃隆·马斯克获得全额奖学金，转学到美国宾夕法尼亚大学，并于 1995 年获得物理学和经济学双学位。在大学的最后实习阶段，埃隆·马斯克就开始了自己的创业生涯，创立了一家名为 Zip2 的公司，为用户提供在线城市指南，有点像现在的在线基于位置的广告服务。这个想法取得了巨大的成功，并在 1999 年以 3 亿美元的价格出售给了 Compaq 计算机公司。通过这笔交易，埃隆·马斯克获得了 2200 万美元。有了第一桶金，科技达人的"开挂"人生从此开启。

卖掉 Zip2 换来大量金钱，但喜欢冒险的埃隆·马斯克并没有止步，而是投入互联网金融的创业浪潮中。他先是投资一家名为 X.COM 的互联网金融公司，然后与在线支付公司 PayPal 合并。2002 年，当 PayPal 以 15 亿美元被卖给 eBay 时，埃隆·马斯克从中赚了 2.5 亿美元，交完税还有 1.8 亿美元。连续创业的成功，让 31 岁的埃隆·马斯克成为亿万富翁。

有了大笔财富的埃隆·马斯克并没有自我挥霍，而是致力于实现少年时就有的梦想。2002 年，在卖掉 PayPal 之前的四个月，埃隆·马斯克创建了致力于在商业化领域推动太空探索的 SpaceX 公司，目标是为人类提供更安全、更经济、更可靠的太空旅行方式，并希望最终将人类送往火星。2004 年，埃隆·马斯克成为 Tesla 的主要投资者和董事会成员，随后成为公司的首席执行官。Tesla 致力于生产与销售电动汽车和太阳能产品，通过创新的技术和设计，不断推出更加先进的电动汽车和太阳能产品，并已成为全球非常有影响力的电动汽车制造商之一。2006 年，埃隆·马斯克作为联合创始人，与表弟林登·里夫（Lyndon Rive）创立太阳能服务公司 SolarCity，后来这家公司成为规模巨大的太阳能服务公司。2016 年，埃隆·马斯克还创办了 The Boring Company，该公司致力于解决城市交通拥堵问题，通过建设高效的地下交通系统来提高城市的交通效率。同年，埃隆·马斯克控制的 Tesla 公司收购了 SolarCity 公司，进一步整合两家公司的技术和市场力量，致力于为人类提供清洁能源解决方案。除了以上各个赫赫有名的公司，埃隆·马斯克还在 2017 年创办了 Neuralink，研究开发将人类大脑与计算机相连接的技术，以提高人类大脑的计算能力，这开辟了神经科学领域的新方向。2022 年，他还收购了社交平台服务领域的巨头 Twitter 公司，挺进媒体服务领域。

作为科技创新达人和极具商业头脑的连续创业者与企业家，埃隆·马斯克当然能够认识到人工智能的重要性，但同时也执着地认为人工智能会对人类未来生存产生巨大的威胁，并认为开发出安全可控的人工智能技术才是未来。这个想法在他遇到硅谷的另一个传奇人物山姆·阿尔特曼之后，得到了认可。于是，从 2015 年夏天开始，他和山姆·阿尔特曼，再拉上格雷格·布洛克曼、伊利亚·苏茨克维尔等人开启了 OpenAI 公司的传奇之路。在 OpenAI 公司的早期发展阶段，埃隆·马斯克不仅是联合创始人，还是早期主要投资者、战略指导者、公司价值的传播者，并担任董事会成员。2018 年，由于与其名下 Tesla 和 SpaceX 公司人工智能研究业务之间的冲突，他退出了 OpenAI 公司董事会，也不再是其主要投资者。也有一些文章认为他不认同 OpenAI 公司从公益性机构走向日趋封闭、以赚钱为目的的发展路线，因而选择退出。从埃隆·马斯克创造的众多创业奇迹来看，OpenAI 公司只是其中一段小插曲。或许 ChatGPT 对埃隆·马斯克来说没有那么重要，但反过来，ChatGPT 的发展历史中不能抹杀他的贡献。现在，埃隆·马斯克仍然是 OpenAI 公司的重要合作伙伴和支持者，也持有少量股份，时时关注公司的发展，并经常发表关于公司发展的建议和看法。

在埃隆·马斯克身上，既有技术创新的狂热，也有对人类美好未来的信仰，以及高超的商业操作手法，三者的完美结合成就了他的传奇。

山姆·阿尔特曼

山姆·阿尔特曼是 OpenAI 公司的联合创始人，与埃隆·马斯克一起被称为 OpenAI 公司的灵魂人物，媒体也经常将他称为 ChatGPT 之父。

1985 年，山姆·阿尔特曼出生于美国伊利诺伊州芝加哥市，在密苏里州圣路易斯市长大，父亲是一名心理学家，母亲是一名医生，家庭条件较为优越，他从小就对社会问题和人类未来产生了浓厚的兴趣。

与"70后"的埃隆·马斯克相比，山姆·阿尔特曼只是一个晚辈。但以其经历的传奇来说，他对于创业和创新的激情一点也不亚于埃隆·马斯克。在他 8 岁生日时，父母送给他的礼物是一台价格昂贵的 Mac 计算机，从此他与科技结下不解之缘。之后，他学会编程，并于 18 岁时考入斯坦福大学学习人工智能和计算机科学。大学没有读完，20 岁时，他与两位好友一起创业，开发了一款基于用户位置的社交网络服务程序 Loopt。2012 年，27 岁的山姆·阿尔特曼以 4300 万美元的价格将其卖出，一举成为知名的科技新贵和千万富豪。这段经历是不是像极了埃隆·马斯克早期创立并卖出 Zip2 的创业故事？两人后来的惺惺相惜或许早有缘故。

很多人在 29 岁时可能还在打工，但 2014 年 29 岁的山姆·阿尔特曼已经是知名投资公司 Y Combinator（YC）的总裁，个人拥有亿万美元财富，参与投资了大量科技公司。这也从另一面看到了山姆·阿尔特曼的与众不同。2015 年，刚刚 30 岁的山姆·阿尔特曼，与科技界领袖埃隆·马斯克一起领导并创立了 OpenAI 公司，担任该公司的联合主席。与埃隆·马斯克的看法基本相同，他也认为发展安全可控的人工智能至关重要，这也是 OpenAI 公司被定义为公益性人工智能研究机构的原因。在山姆·阿尔特曼 37 岁时，他推出了火爆全球的人工智能聊天机器人 ChatGPT，其人生自此进入高光时刻。

在 ChatGPT 引爆之前有一段小插曲。2018 年，在埃隆·马斯克因业务冲突和意见分歧退出 OpenAI 公司董事会，并不再作为主要投资者之后，山姆·阿尔特曼顶上来，担任首席执行官，并找到微软等新的投资者，领导了 OpenAI 公司的后续技术发展，确保了公司人工智能研究的连续性。在他的领导下，OpenAI 公司开发了大语言模型 GPT-3、ChatGPT、GPT-4，以及基于文本生成图像的人工智能系统 DALL·E2。2019 年，他带领公司从微软筹集了 10 亿美元的资金。2023 年 1 月，微软宣布再向 OpenAI 公司投资 100 亿美元，并将 ChatGPT、GPT-4 与其旗下的办公软件 Office 套件、搜索引擎 Bing 深度整合。获得科技巨头微软的强力支持，可以说 OpenAI 公司已经成功了。或许正是因为这些成就，山姆·阿尔特曼才被称为 ChatGPT 之父。

喜欢冒险的山姆·阿尔特曼不仅忙着人工智能领域的创新，而且于 2020 年开始挺进数字货币领域，投资成立了一家名为 Worldcoin(世界币)的公司。Worldcoin 的创新点是希望通过采集用户的眼球虹膜信息，来确定领取代币的唯一性，并计划向全球所有人免费发行数字货币，实现地球上数十亿人脱贫的目标。不过由于虹膜信息采集涉嫌侵犯个人隐私，并且与世界很多国家的政策存在冲突，Worldcoin 还没有取得实质性进展。在人工智能技术不断代替人类工作的背景下，大量的人未来或许会沦为尤瓦尔·赫拉利在《未来简史》一书中描绘的"无用阶层"，Worldcoin 难道是山姆·阿尔特曼想出来的最终保障人类生存的方案吗？或者我们可以大胆揣测一下山姆·阿尔特曼的想法，从他一直关心社会问题和人类未来的角度来看，他应该不会是为了发行数字货币赚一点个人利益，那么是不是由于他每天与人工智能专家待在一起，过于了解人工智能的能力，而试图用 Worldcoin 作为拯救人类的探索性解决方案？

如果给山姆·阿尔特曼做一个画像，这些词或许不可缺少："80 后"天才、计算机科学家、成功的创业家和投资者、远见卓识、敢于创新、用行动践行信仰(开发出安全可控的人工智能)。

📄 格雷格·布洛克曼

格雷格·布洛克曼绝对是 OpenAI 公司开创阶段的第三重要人物。如果考虑到埃隆·马斯克的后续退出，他则是排名第二的重要人物。他既是 OpenAI 公司的投资者、联合创始人，还是研究团队的组建者和管理者，一开始担任首席技术官，2022 年开始担任董事长兼总裁。

格雷格·布洛克曼于 1989 年出生在美国北达科他州，在一个农场长大，父母都是医生。他与埃隆·马斯克和山姆·阿尔特曼的人生早期经历类似，也是一位天才式人物，在数学、化学和计算机等多个领域都有广泛的兴趣，还取得了优异的成绩。2006 年，他代表美国队参加国际化学奥林匹克竞赛，获得银牌。2007 年，他参加美国大学预科科学竞赛，是自 1973 年以来唯一一位来自北达科他州参加比赛的决赛选手。

2008 年，他进入很多人梦寐以求的哈佛大学读书，攻读数学和计算机科学双学位，然而一年后放弃，转学到麻省理工学院学习计算机。不过，他在麻省理工学院的学业也没有完成。2010 年，格雷格·布洛克曼辍学与 Collison 兄弟（其中一位是他在麻省理工学院的同学）创立了一家名为 Stripe 的公司，为电子商务网站和移动应用程序开发支付处理程序与应用程序接口（API）。2013 年，格雷格·布洛克曼成为这家公司的首席技术官，在他的领导下，Stripe 公司的员工数量从最早的 5 人迅速发展到 250 人。事实显而易见，格雷格·布洛克曼具有强大的组织管理能力，这种能力尤其适合科技领域的创业和创新公司。埃隆·马斯克是 Stripe 公司的投资者之一，也必然会了解到格雷格·布洛克曼的能力。在这段创业和工作经历中，格雷格·布洛克曼积累了技术经验和领导力，为他后来参与 OpenAI 公司的创业奠定了坚实的基础。

格雷格·布洛克曼与埃隆·马斯克和山姆·阿尔特曼一见投缘，并成为 OpenAI 公司落地的具体执行者。他作为首任首席技术官，招募了大量人工智能领域的精英，成为后续 OpenAI 公司创造奇迹的基础。在他的领导下，该公司于 2016 年发布了用于开发和比较强化学习算法的公共平台 OpenAI Gym，于 2017 年发布了基于强化学习算法开发的、能够自给自足学习的 Dota 2 机器人。从 2018 年开始，格雷格·布洛克曼参与研发了基于转换器的生成式预训练（Generative Pre-trained Transformer，GPT）系列大语言模型。2021 年，在 GPT-3 大语言模型的基础上，OpenAI 公司发布了用于编码的生成模型 OpenAI Codex。2022 年 4 月，发布了图像生成系统 DALL·E2。2022 年年底，OpenAI 公司发布的 ChatGPT 轰动整个世界。2023 年 3 月 GPT-4 发布。这一系列成就，毫无疑问都与格雷格·布洛克曼的能力和努力有关。

在 OpenAI 公司创业时，格雷格·布洛克曼还自称人工智能的门外汉。但他的厉害之处在于具有强大的领导力，能够把来自各个领域的人工智能精英聚集到一起，形成强大的团队力量。而且，毫无疑问他也是一个喜欢学习，并善于学习的人，再加上实践的锤炼，他现在已经是名副其实的人工智能科学家了。

如果给格雷格·布洛克曼打上标签，那么他是：科技天才、超强领导力和执行力、连续创业家、富有创新精神。

📑 伊利亚·苏茨克维尔

如果说埃隆·马斯克和山姆·阿尔特曼在 OpenAI 公司创业过程中扮演战略家与投资家角色，格雷格·布洛克曼贡献卓越的领导才能，那么伊利亚·苏茨克维尔则是纯粹的人工智能科学家。尽管前面几位非常厉害，但从根本上说，他们的作用也只是为伊利亚·苏茨克维尔这样的科学家实现梦想提供平台和资源。正如格雷格·布洛克曼在博客中所说，见到了伊利亚·苏茨克维尔，感觉 OpenAI 公司创业的事就成了。

伊利亚·苏茨克维尔于 1986 年出生在俄罗斯下诺夫哥罗德州，后来随家人一起移民到了以色列，在耶路撒冷度过自己的成长阶段。2000 年，进入以色列开放大学读书，两年后再次随家人移居加拿大，并转学到多伦多大学。在多伦多大学，他师从人工智能领域的传奇人物、深度学习之父杰弗里·辛顿（Geoffrey Hinton），获得数学学士、计算机科学硕士和博士学位。2012 年博士毕业后，伊利亚·苏茨克维尔到斯坦福大学跟随华裔人工智能科学家吴恩达（Andrew Ng）做了两个月的博士后，然后回到母校多伦多大学，继续追随自己的恩师杰弗里·辛顿，并加入恩师创立的研究公司 DNNResearch。2012 年，用于图像识别、被命名为 AlexNet 的深度卷积神经网络问世，取得了惊人的成功，在人工智能领域轰动一时，他与亚历克斯·克里日夫斯基（Alex Krizhevsky）、恩师杰弗里·辛顿是共同发明人。2013 年，随着 DNNResearch 被谷歌收购，他也随之成为谷歌大脑的研究科学家。2015 年，还在谷歌工作的伊利亚·苏茨克维尔参与到 OpenAI 公司的创业中，是主要的联合创始人和首席科学家，从技术角度领导了 OpenAI 公司主要技术系统的开发。

伊利亚·苏茨克维尔的整个人生历程，除了少年时生活中遇到少许波折，大多数阶段与其他科学家的成长和成熟轨迹大致相同。而参与到 OpenAI 公司的创业中，让他的人生发生了巨大的变化。用俗话说，有点"书生造反"的感觉。从目前 ChatGPT 在全世界引发的轰动来看，作为创业者的科学家伊利亚·苏茨克维尔已经交出了比较完美的答卷。

作为科学家的伊利亚·苏茨克维尔有大量的学术论文自不必说，他被公认为是深度学习领域的杰出科学家。2015 年，他被《麻省理工技术评论》（*MIT Technology Review*）杂志评为"35 名 35 岁以下科技创新者"之一。2022 年，他被选为英国皇家学会院士。

如果给伊利亚·苏茨克维尔做画像，标签就是：师出名门、深度学习专家、初次创业者、科技领军者。

📑 约翰·舒尔曼

组建团队是创业的难题，要组建豪华的人工智能精英团队更是难上加难。2015 年前后，人工智能浪潮再次兴起，各个互联网大厂都在争夺人才，一家什么都没有的初创公司要找到人才自然非常困难。

格雷格·布洛克曼在博客中记录了那时候的困难。一开始伊利亚·苏茨克维尔还没有从谷歌中出来，而格雷格·布洛克曼对人工智能前沿了解得也极为有限，找到合适的人面临巨大的挑战。此时的开放人工智能梦想，随时有可能熄灭。难题在于，格雷格·布洛克曼要找的人，不仅要求有超高的专业才能，还需要与前面几位创始人拥有共同的信仰（开发出安全可控的人工智能）。而且，最终开发的人工智能系统要强过人才济济的互联网大厂才有可能成功，这就要求新加入团队的人还必须有超强的、敢于赢得竞争的信心。专业才能、信仰、信心，缺一不可，要找到对的人确实很难。

约翰·舒尔曼的加入是一个转折点。约翰·舒尔曼于 1988 年出生在美国加州，在加州理工学院获得物理学学士学位，2016 年获得了加州大学伯克利分校的计算机科学博士学位，是强化学习领域的大师级人物、皮特·阿贝尔（Pieter Abbeel）的高徒。顺便插一句，皮特·阿贝尔的博士研究生导师正是华裔人工智能"牛人"吴恩达。在读博士期间，约翰·舒尔曼的主要研究方向是深度强化学习算法，特别是使用神经网络实现强化学习。

约翰·舒尔曼在人工智能领域有着突出的成就，是备受推崇的计算机科学家和人工智能专家。他发明了许多重要的深度强化学习相关算法和模型，如信赖域策略优化（Trust Region Policy Optimization，TRPO）算法、近端策略优化（Proximal Policy Optimization，PPO）算法等，它们在游戏、自然语言处理、机器人和智能交通等领域得到广泛应用，是推动人工智能发展的关键技术。他还是开源工具 OpenAI Gym 的主要开发者，这个工具能够为强化学习的算法开发和比较提供一个标准化的环境。与伊利亚·苏茨克维尔一样，他也被《麻省理工技术评论》杂志评为"35 名 35 岁以下科技创新者"之一。他还获得了专门颁发给在计算机科学领域做出突出贡献学生的拉马莫西杰出研究奖（C.V. & Daulat Ramamoorthy Distinguished Research Award）。既然约翰·舒尔曼这样厉害的人工智能精英都加入了 OpenAI 公司，其他人也就不再质疑，格雷格·布洛克曼面临的人才招募难题也得到了解决。

目前，约翰·舒尔曼领导着 OpenAI 公司的强化学习团队，研究强化学习算法，以实现 GPT 系列模型的持续优化。

约翰·舒尔曼的人生经历与伊利亚·苏茨克维尔有很多相似之处，他的画像标签可以是：名师高徒、强化学习高手、初次创业者、科技领军者。

沃伊切赫·扎伦巴

沃伊切赫·扎伦巴于 1988 年出生在波兰，在波兰长大并获得学士和硕士学位。沃伊切赫·扎伦巴也是一位少年天才，2007 年曾代表波兰队参加国际数学奥林匹克竞赛，获得银牌。2013 年，他前往美国纽约大学，跟随人工智能大师、图灵奖获得者杨立昆（Yann LeCun）和罗博·费古斯（Rob Fergus）攻读博士学位，主攻深度学习和计算机视觉，仅用三年时间就顺利完成了博士学业。在加入 OpenAI 公司并成为联合创始人之前，他作为技术专家在谷歌和 Facebook（脸书，2021 年更名为 Meta）工作过一段很短的时间。

与埃隆·马斯克、山姆·阿尔特曼、格雷格·布洛克曼等人有些不同，沃伊切赫·扎伦巴是大众眼中典型的邻居家好孩子，少年天才、成绩优异、留学美国、师从大师、博士毕业、计算机科学家可能才是比较适合他的标签。

有埃隆·马斯克、山姆·阿尔特曼这样的战略思想者和投资者，有格雷格·布洛克曼这样的科技公司组织管理天才，有伊利亚·苏茨克维尔、约翰·舒尔曼、沃伊切赫·扎伦巴等人工智能精英的加入，还有一群对人工智能发展充满热情的投资者，一支多元化、有力量的创业团队就成立了。OpenAI 公司的前景在此时事实上已经基本定局，不是好不好的问题，而是有多好的问题。

2. 退学创业——成功之路？

看过 OpenAI 公司两位核心创始人山姆·阿尔特曼和格雷格·布洛克曼的人生历程之后，是不是感觉有点似曾相识？他们浑身上下充满了冒险精神，不断探索新的方向，宁可舍弃名校的学业也不愿失去转瞬即逝的创业机会。他们不仅在获取财富方面取得了巨大的成功，而且为人类社会的加速进步贡献了巨大的力量。他们之前有很多类似的故事，他们之后类似的故事仍然会发生。但是，他们的人生选择可以被年轻人模仿吗？

反复重演的故事

阳光底下无新事，类似山姆·阿尔特曼和格雷格·布洛克曼的例子我们还可以找到很多，如比尔·盖茨（Bill Gates）、史蒂夫·乔布斯（Steve Jobs）、马克·扎克伯格（Mark Zuckerberg）、拉里·佩奇（Larry Page）、谢尔盖·布林（Sergey Brin）、杰克·多西（Jack Dorsey）、拉里·埃里森（Larry Ellision）。

比尔·盖茨是一个创业者典范，也是退学创业故事中的前辈。比尔·盖茨出生于 1955 年，少年时就是一个计算机狂热爱好者，而且极具商业头脑。13 岁就学会了用 Basic 语言进行计算机编程设计，17 岁就卖掉了自己的软件作品并赚了一大笔钱，18 岁考上哈佛大学。一边是哈佛毕业生的荣光和大好前程，一边是艰辛的创业。很多人可能会选完成大学学业，但比尔·盖茨选择创业，世界上从此有了名为微软的科技巨头。因为比尔·盖茨认识到计算机技术发展太快了，仅耽搁一年，甚至几个月，都可能会永远失去机会，等到大学毕业再去创业就来不及了。比尔·盖茨的贡献众所周知，他开创性地创造了图形用户界面的计算机操作系统，还开发了一系列个人办公软件，加速了计算机系统的普及。

一直被人们称为移动互联网时代教主的史蒂夫·乔布斯，同样也有退学创业的经历。史蒂夫·乔布斯出生于 1955 年，小时候有一些曲折故事，大家可以去看他的传记，这里主要介绍他退学创业的这一段。在养父母的大力支持下，史蒂夫·乔布斯小时候就对电子产品产生了浓厚的兴趣，痴迷电子产品是他从儿童到少年阶段的主要标签。凭借高超的技术和天生的商业才能，高中时史蒂夫·乔布斯就把自己组装的电子产品销售了出去，从而赚了一大笔钱。1972 年，17 岁的史蒂夫·乔布斯到里德学院读大学，但在一年后转学到了罗德岛设计学院。再一年后，史蒂夫·乔布斯认为昂贵的大学学费不仅耗费了养父母的大量金钱，而且学不到有用的东西，于是转向工作和创业。1976 年，史蒂夫·乔布斯和朋友在车库里创立苹果公司，开发了一系列广受欢迎的个人计算机产品。在由 3G/4G 通信技术开启的移动互联网时代，史蒂夫·乔布斯更是敏锐地抓住了先机。2007 年，领导苹果公司开发出在全世界都广受欢迎的智能手机 iPhone，再次创造了奇迹。2011 年，史蒂夫·乔布斯的早逝是一种遗憾，对全世界来说也是一种巨大的损失。

此后到现在，很多创业者都以史蒂夫·乔布斯的学徒自居，模仿他的产品创新思维。对于史蒂夫·乔布斯，人们不吝用各种美好的词汇来赞美他的成就，如创新领袖、洞悉人性的伟人、改变世界的天才等。

出生于 1984 年的马克·扎克伯格继续了前辈的故事。他少年时就学会编程，极具创新精神。当别的孩子还在打游戏的时候，马克·扎克伯格则在创造游戏。2002 年，18 岁的他进入哈佛大学读书，学习心理学和计算机，由于对编程狂热而获得了"程序人"的外号。2004 年，喜欢编程又好玩的马克·扎克伯格在哈佛大学的宿舍里开发了一个网站，让大家分享照片、信息和资料，并能够互相评论。此后这个好玩的网站快速席卷美国各个大学校园，在学校已经难以运营这个巨大的商业化网站，马克·扎克伯格只能辍学来专门运营它。后来的故事众所周知，这个在校园宿舍里开发出的网站发展为社交媒体巨头 Meta 公司。

还有一些类似的故事：拉里·佩奇和谢尔盖·布林放弃在斯坦福大学攻读博士学位，选择退学创业，成就搜索引擎领域的传奇公司——谷歌；杰克·多西在大学还没有读完时，选择工作和创业，最后创立 Twitter 公司；数据库软件巨头 Oracle 公司的创始人拉里·埃里森曾经先后在三所大学读书，但没有一个坚持下来并拿到学位，这一点并没有影响他成为伟大的程序员、创业者和企业家。

🗐 走适合自己的路

这些成功者证明了退学创业是成功之路吗？或者他们只是不值得多数年轻人模仿的个别案例？在完成学业和抓住创业机会之间如何权衡？当下，新一轮数字技术革命带来的机会无处不在，很多年轻人面临如前辈一样艰难的选择。

毫无疑问，传统的大学教育确实不完美，并不能满足所有人的需求。起源于工业革命时期的现代教育，往往习惯于把人们培养成工业生产线上的螺丝帽，共性有余而个性不足。对个性张扬、充满冒险精神、极具天才特质的人来说，传统的大学教育可能只是束缚，而不是促进。一个愿意学习、喜欢学习、不断探索未知的人，可以从任何地方学习，如书本、网络、图书馆、社会、实践等，这些途径都能够让他学到比大学教育还要多的知识。如果一个人认为自己具有和比尔·盖茨、史蒂夫·乔布斯等一样的天才特质，并且一定要在转瞬即逝的机会和学业之间做选择，那他可以选择前者，尽管学习是非常重要的，但获取大学的学位可能并不是最重要的。

我们也能发现，退学创业的故事多数集中在数字技术领域，或许这并不值得奇怪。在这个领域，每天都在涌现出新技术、新产品、新模式，各种奇思妙想和创业机会无处不在。被业界称为"雷布斯"的雷军说："站在风口上，猪都能飞起来。"风口是转瞬即逝的，甚至仅过几天时间，机会就会永远失去。学业和学位可以通过持续的学习获得，但机会一旦失去就很难再遇到。从这个角度来看，或许我们就能够理解比尔·盖茨、史蒂夫·乔布斯、马克·扎克伯格、山姆·阿尔特曼和格雷格·布洛克曼这些退学创业者了。现在，元宇宙、大语言模型、AIGC（人工智能生成内容）正在掀起新的浪潮，狂暴的创业风口再次出现，退学创业的故事或许仍会不断重演。

对大多数人来说，大学教育意味着系统地获取知识，是支持一生工作和生活的宝贵财富，当然也是非常重要的。况且，即便机会来临，也并非每个人都具备创业的基础条件，如资金、技术、人脉等。而失去学位，对很多人来说，可能会被很多持有传统观点的公司拒之门外，结果是失去更多的成长机会。年轻人不能仅看到那些成功者的故事就盲目冲动去创业，而是要结合自身条件和机会进行综合考虑，选择一条适合自己的路，做出一生不会后悔的选择。

总体来看，退学创业并不是一条容易走的路，也不是适合所有人的路，它需要创业者具备极高的天资、很大的勇气、坚定的决心和创新精神，还需要拥有一些必备的物质基础条件。而且，需要有足够的韧性，能够平静接受两极化的结果：成功了，万人瞩目；失败了，可能就此淹没于人海。退学创业一定不是适合所有人的路，不创业也并不意味着就不能在其他方面实现自己的抱负、成就自己的梦想。数字时代是一个个性张扬的时代，退学创业或完成学业的选择权在每个年轻人的手中，走适合自己的路才是最好的路。

本节针对前面谈到的山姆·阿尔特曼和格雷格·布洛克曼的退学创业经历，做了一点延伸讨论。下面继续回到正题，看看 OpenAI 公司的成长故事。

3. OpenAI 养成记

前面说到，在埃隆·马斯克和山姆·阿尔特曼两位顶级大咖的战略指引下，格雷格·布洛克曼以其强大的组织管理能力团结了一群人工智能精英，组织起一支完全不逊于互联网大厂的团队。2015 年 12 月，OpenAI 公司正式开张。7 年后，这个由新来者开发的人工智能系统正在席卷全球。人们因为 ChatGPT 而认识了

OpenAI 公司。成功从来不是一蹴而就的，探究成功过程的微妙之处，或许能成就更多的成功。

信仰和使命

一个人相信什么，他就会做什么，一群人相信什么，他们就会一起去实现什么。OpenAI 公司一开始就集中了一群有信仰的人，相信安全可控的人工智能是未来。而在具体工作中，这个信仰成了使命，开发出安全可控的人工智能就是 OpenAI 公司的任务和责任。

在 OpenAI 的网站上，随处都能看到关于其信仰和使命的宣示，内容包括："我们相信我们的研究最终将通向 AGI，一个可以解决人类层面问题的系统。构建安全可控的 AGI 是我们的使命""我们的使命是确保 AGI 造福全人类""我们正在构建安全可控的 AGI，但如果我们的工作帮助其他人实现了这一成果，我们也会认为我们的使命已经完成""如何构建安全对齐的强大人工智能系统是我们的任务中最重要的未解决问题之一。从人类反馈中学习等技术正在帮助我们走得更近，我们正在积极研究新技术以帮助我们填补空白"。

需要注意到，AGI 一词并没有出现在 OpenAI 刚成立时的相关论述中。在 2015 年 12 月 11 日格雷格·布洛克曼在 OpenAI 网站上发布的第一篇博文中，完全没有提到 AGI。对于 AGI，是在 GPT 系列模型取得重大成功后才提到的。2019 年 3 月 11 日，格雷格·布洛克曼在介绍 OpenAI LP（OpenAI Limited Partnership，一家营利性和非营利性的混合体的"利润上限"公司，作为 OpenAI 的子公司来以曲线形式实现其公益性目标，便于筹集资金和用股权吸引人才）的博文中，提到了 AGI 一词。此前，OpenAI 发布了 GPT-1、GPT-2，在大语言模型方面取得了较大的成功，或许这些成功模型让格雷格·布洛克曼和他在 OpenAI 的同事看到了实现 AGI 的可能性。

即使在 2017 年阿尔法狗轰动世界的高光时刻，人工智能学术界仍普遍认为在短期内实现 AGI 是完全不可能的。AGI 又称强人工智能，或者完全人工智能，与弱人工智能相对。AGI 是指计算机程序的智能水平达到与人类相近的程度，能够推理和解决跨领域的问题，能够代替人类进行各种通用人物处理。简单来说，就是不仅具有类人的意识和思考能力，还能够像人一样解决问题。而弱人工智能则只能解决专门领域的问题，智能水平也与人类相差甚远。过去尽管人工智能领域有一些进展，但一直局限在弱人工智能层面。当然，还有超人工智能的说法，是指计算机程序的智能水平超越人类。过去人们认为难以实现 AGI，是因为还有很多问题没有突破，如大脑的工作机制难以理解的问题、数学方法的突破问题、无监督学习没有进展的问题、算力不足的问题。这些曾经看起来无法逾越的问题，如今在某种意义上被大语言模型、预训练加人工精细化微调的组合方法遮蔽了（注意并不是彻底解决了已知存在的问题）。

OpenAI 公司认为自己走在实现 AGI 的路上，好像也并不是夸大其词。2023 年 3 月，在 OpenAI 公司的 GPT-4 模型发布后，微软公司迅速组织研究团队对其能力进行了全方位测评，认为尽管它仍不算完整，但 GPT-4 模型应该被看作 AGI 的早期版本。如果这个结论成立，就意味着人类已经找到了通向 AGI 的大门。危险在于，如果这是真的，那人类社会将面临前所未有的冲击。同月，埃隆·马斯克联合 1000 多位科技领域的专家发布联名公开信，要求暂停 GPT-4 模型向更强大模型的进一步开发，以预先建立一个强大的人工智能治理系统。这一联名公开信重申了安全可控 AGI 的重要性，但也从侧面证实了 GPT-4 模型确实距离 AGI 很近。

与埃隆·马斯克等人的联名公开信并没有实质性的不同，在 2018 年 OpenAI 发布的宪章中，对如何确保实现安全可控的 AGI 也明确了一些基本原则，主要包括四个方面的内容。

✧ 承认离实现真正的 AGI 还有一些距离，但强调在发展人工智能技术或实现 AGI 时，要采取积极的行动来照顾多数人的利益，避免允许使用人工智能和 AGI 危害人类或集中权力，尽可能减少对大众利益的损害。

✧ 开展针对 AGI 安全问题的研究，让研究成果能够广泛应用。如果 AGI 发展过快来不及采取充分的安全措施，则承诺停止自己开发的 AGI 项目，并协助开发更安全的 AGI 项目。

✧ 只有确保 OpenAI 的人工智能技术处于领先水平，才能让信仰和使命得到实现。

✧ 与其他的人工智能研究机构和政策机构广泛合作，构建应对 AGI 安全的全球社区。为社会提供安全的人工智能公共产品，减少研究的公开发布，增加共享安全、政策和标准研究。

山姆·阿尔特曼在 2023 年 2 月 24 日的博文中，结合新的技术进步，对 OpenAI 宪章的内容进行了重申，但同时也有一些新的表达。一方面，他认为 AGI 是非常有用的技术进步，能够为人类的聪明才智和创造力提供强大的力量"倍增器"，并且非常乐观地估计 AGI 在不久后就会实现；另一方面，他提出 AGI 也会带来滥用、严重事故和社会混乱的风险。但与埃隆·马斯克等人的联名公开信的观点不同，山姆·阿尔特曼不认为停止开发 AGI 是可能和可取的，而是要想办法把它做得更好，在渐进式实现 AGI 的同时将它带来的风险最小化，以在分享中平衡 AGI 的好处、访问权和治理。山姆·阿尔特曼对开放人工智能的观点进行了反思，否定了无限开放的想法，认为发布所有东西并不是正确的选择，而要转为给大众提供安全共享的系统访问和好处。山姆·阿尔特曼指出，停止训练 AGI、确定模型可以安全发布或从生产使用中撤出模型的公共标准很重要，这句话可以认为是对埃隆·马斯克等人的联名公开信进行了回应。也就是说，停止推进 AGI 训练得有一个标准，不能说停就停。

如果 AGI 能够实现，则会创造出巨大的价值。如果其创造者唯利是图，则非常有可能给人类社会带来灾难，这种灾难甚至比人类社会的战争更加危险。现在，OpenAI 的技术极为接近 AGI，巨大的利益空间已经显现出来。OpenAI 用宪章来宣示自己的信仰和使命，也通过相应的安全技术来确保 AGI 安全可控，并通过"利润上限"公司的机制来平衡公益性和营利性，但这些措施对建立安全可控的 AGI 足够吗？这将是继续考验 OpenAI 的难题。另外，单靠 OpenAI 一家公司自律显然是不够的，世界上还有很多公司在巨大利益的诱惑之下正在前赴后继地进入 AGI 赛道，全人类正面临前所未有的风险。如何制定一个人类社会共有、共享、共治的 AGI 宪章，可能是未来考验人类智慧的难题。

没有信仰和使命，相信 OpenAI 不会成功。但如果只有信仰和使命，没有现实中的务实，那它也不会成功。OpenAI 的成长故事很精彩，从中我们能够看到一群人工智能信仰者如何在困难中做出让步，以务实来坚持信仰。

🗐 初创期

2015 年到 2018 年年底，是 OpenAI 公司的艰难初创期。虽然发布了一些产品，但整体表现出来的状态是非常平庸的。2018 年，发布了一个自然语言生成模型，即第一代 GPT（也经常被称为 GPT-1），现在来看已经算走到了正确的道路上。但这个模型的数据量和参数规模都非常小，运行的结果并不出彩，难以与谷歌同年发布的同类模型——双向编码器变换器（Bidirectional Encoder Representations from Transformer，BERT）相抗衡。

一些新闻报道提到，正是由于 GPT 的性能不及 BERT，所以埃隆·马斯克感到非常不满，要求由自己全面掌控公司，但遭到其他联合创始人的集体反对，最终以埃隆·马斯克退出董事会告终，并拒绝继续投入巨资。从当时的实际情况来说，不要说埃隆·马斯克这样有个性的强人，换成其他投资者，在投入巨资却迟迟没有突出成果的情形下，或许结局也不会有什么不同。现在来看，对 OpenAI 公司来说，2018 年年底到 2019 年年初是一个分界线，也是其破茧成蝶的最后艰难时刻，在此之前是苦苦探索公益化人工智能发展之路，摸索 AGI 实现方法的阶段，在此之后则是创新机制和技术，不断走上巅峰的阶段。

2019 年之前，OpenAI 公司举着开放、公益的大旗，支持开源、透明和共享，发布了一系列与此理念相符的技术和产品。2016 年发布了开源平台 OpenAI Gym，用于开发和比较强化学习算法；同年 12 月发布了 Universe 软件平台，用于测量和训练人工智能在全球范围内提供的游戏、网站及其他应用程序的通用智能；2017 年发布了开源的、基于神经网络的在线角色扮演游戏模型 Neural MMO，用于模拟复杂的生态系统和社会系统；2018 年发布了 GPT-1，一个基于 Transformer 架构的生成式预训练模型，可以生成连贯和有意义的文本，但效果不佳。

现实很残酷，纯粹的公益性科学研究是不可持续的。投资者需要回报、员工需要体面的报酬、技术研发需要大量的资金投入，满足不了这些要求就只能关门大吉。人工智能模型参数越多、训练数据规模越大，就越需要大量的硬资源投入（CPU、GPU、电力和其他资源），资金需求也会越来越大。2018 年左右，现在所说的"大力出奇迹"方法逐渐在人工智能研究领域达成了共识。但是，这种方法对于资源和资金需求的增长曲线是指数式的，要维持技术领先，不管愿不愿意都得跟进。

前面提到，OpenAI 公司的初衷是公益性的，是要建立为人类服务的、安全可控的人工智能。但在 2018 年年底时，在各种生存压力之下，它面临越努力结果反而离初衷更远的局面。OpenAI 公司的领导者山姆·阿尔特曼、格雷格·布洛克曼等人已经逐渐认识到：要实现 AGI，除了整合精英人才，还必须投入大量的资源和资金；要坚持做公益就没有钱赚，就只能等待慈善家的捐助，但捐助是不可持续的，结果就是距离实现 AGI 越来越远。简而言之，2018 年之后，以非营利性的公益组织进行人工智能研究已经变得不可行。

在埃隆·马斯克因为个人原因和意见分歧退出 OpenAI 公司之后，公司的研究资金一下子面临枯竭的风险。2018 年年底到 2019 年年初，OpenAI 公司面临何去何从的艰难选择。不过，一群聪明人在一起，总会想出聪明的办法，人永远都是决定性的。

📋 "利润上限"公司

以往我们习惯于听到"有限责任公司""股份有限公司""股东利益最大化"等词汇，OpenAI 创造的"利润上限"公司 OpenAI LP 是一个前所未有的方向。以此构建协调机制，有效化解了 OpenAI 公司创造者坚持内在信仰（建设公益性、安全可控的人工智能公司的信仰）和满足利益相关方获利诉求之间的冲突。2019 年微软公司投资 10 亿美元，2023 年 1 月追加投资 100 亿美元，使 OpenAI 公司研发资金短缺的问题迎刃而解，这不能不说与此机制的设立有着紧密的联系。有了制度保障，新的人工智能精英也在源源不断地进入公司。自 2019 年开始，OpenAI 公司走出初创期的艰辛，进入快速成长期。

从设计理念上看，设计"利润上限"公司 OpenAI LP 的根本意图是确保公司为大众构建安全可控的 AGI 的使命优先于为投资者创造利润。这一点颠覆了传统的"股东利益最大化"理念，而让公共利益最大化。OpenAI 公司的创造者清晰地认识到，营利性是吸引投资和以股权吸引员工的手段，而非营利性则是必须坚持的信仰。从治理结构上看，OpenAI LP 公司是营利性和非营利性的混合体，大部分员工都被雇佣在这个公司中，而非营利性公司 OpenAI 的董事会拥有全面控制和管理它的权利。在 OpenAI LP 公司治理框架下，为所有投资者和员工设定了利润回报的上限，超出这个上限的利润必须捐献给非营利性的 OpenAI（也被称为 OpenAI Nonprofit）公司所有，从而确保了公司的关键使命能够实现。其中，针对第一轮投资者的利润回报上限设定为投资的 100 倍，而且明确提出后续投资的利润回报上限会持续降低。

在具体操作中，还有一些细节非常值得借鉴：只允许 OpenAI 公司少数董事会成员拥有 OpenAI LP 公司的股份，而只有没有股份的董事会成员才有权在 OpenAI LP 公司和非营利性 OpenAI 公司发生冲突时参加决策投票，从而避免股东基于追求自身利益最大化而牺牲公司的公益性使命；OpenAI LP 把团队员工细分为三种类别——人工智能能力开发类、确保系统符合人类价值的安全类、确保系统能够被适当治理的政策类，从而从组织管理角度确保公司使命能够被严格执行；OpenAI 负责管理 OpenAI LP 的人才培养，并提出策略建议，确保公司业务发展与执行使命的一致性。

"利润上限"公司的设计很巧妙，让希望获取利益的人得到利益，让坚持公益性使命的人实现使命，现在发生的事实已经证实了它的有效性。不过，并非所有人都认同这种设计。OpenAI 公司曾经的联合创始人埃隆·马斯克就质疑过此设计，认为这是变相把非营利性组织转变为封闭的营利性组织，而且公司被微软控制，成了赚钱机器。个人认为这种质疑是没有道理的，如果没有新的组织机制保障，就没有微软的投资和其他新投资者的加入，员工也就没有积极性，新的精英人才就不会加入，那么纯粹公益性的 OpenAI 公司可能在 2019 年就已经被淹没在各种创新洪流之中，今天轰动世界的 ChatGPT 也就不会出现。

轰动世界

2019 年的机制变革，让 OpenAI 公司焕然一新。山姆·阿尔特曼冲到一线担任首席执行官，公司开发的 GPT-2 模型吸引了微软的注意，后者投资了 10 亿美元。有了资金，又不缺人才，OpenAI 公司开始快速开发和迭代产品，在 2022 年年底推出 ChatGPT 后，一下子引发了全球关注，新一轮围绕大语言模型的人工智能浪潮也因此兴起。

2019 年，OpenAI 公司推出比 GPT-1 参数规模更大、训练数据更多、性能更优越的自然语言生成模型 GPT-2。这个新模型可以看作上一代的放大版，参数规模和训练数据规模均放大 10 倍以上，参数规模达到 15 亿个，训练数据包括 40GB 文本、800 万份文档和 4500 万个网页。GPT-2 并不完美，生成的语言文本也比较生硬。虽然在专业领域引起了一些关注和讨论，但离影响全世界还有较远的距离。

2020 年 5 月，OpenAI 公司宣布把 GPT-2 进一步升级为 GPT-3 发布。GPT-3 的参数规模比上一代提升更多，达到 1750 亿个，训练数据达到 45TB，是同一时期最大的自然语言生成模型。它同样以 Transformer 模型为基础，采用预训练加微调的方法。由于学习了大量的、各种各样的数据，因此它不需要针对专门的语言进行训练。GPT-3 实现了能力跨越，生成的内容已经让人们难以区分是源于机器还是源于人类。开发出 GPT-3，OpenAI 公司就把同类模型远远抛在了后边。

2020 年，OpenAI 公司还做了两件事，加速了 GPT-3 的应用推广。其一是发布基于 GPT-3 的 OpenAI API，让其他公司和开发者能够非常方便地利用 GPT-3 模型提供的自然语言处理能力。其二是将 GPT-3 独家授权给微软，从而进一步输出它的能力。这与提供给大众的 API 应用不同，也不会影响大众用户的有效使用，但基于独家授权，微软能够访问 GPT-3 的底层代码，也能够随心所欲地嵌入、重新调整和修改模型，让自身的产品和服务与 GPT-3 深度整合，升级智能化服务能力。

2021 年，基于 GPT-3 的突破性能力，OpenAI 公司开发出两款应用性产品：OpenAI Codex 和 DALL·E。OpenAI Codex 是建立在 GPT-3 基础上的自动化智能编程系统，能够基于自然语言生成代码，完成特定的任务，大大提高了软件开发人员的工作效率和质量。DALL·E 同样基于 GPT-3，核心能力是能够根据自然语言文本提示生成图像。它既能生成真实物体的图像，也能创建完全想象的、现实中不存在的事物图像，而且生成的图像内容可以有多种风格，如图像、绘画或表情符号。总体上，OpenAI Codex 是软件开发领域的颠覆性应用，而 DALL·E 则颠覆性地改变了图像生成和处理，使平面设计师面临前所未有的挑战。

2022 年，OpenAI 公司走到了轰动世界的前夜，经过不断量变的人工智能技术开发能力终于开始质变。同年 4 月，它发布 DALL·E 的升级版 DALL·E2，这是一个更为优化的模型，而且能够生成高分辨率、更逼真的图像。同年 11 月，OpenAI 公司发布基于 GPT-3.5 模型（对 GPT-3 进行了微调）的应用——免费聊天机器人 ChatGPT。新应用系统推出后，在 2023 年 1 月彻底引爆了全球网络世界，很多人开始了解到 ChatGPT 和它背后的开发公司 OpenAI。尽管还有一些缺陷，如缺乏事实准确性、缺少实时数据等，但它回答自然语言的流畅性、条理性、逻辑性和通用性震惊了所有人，还从来没有一个人工智能程序达到如此高的智能化程度。比尔·盖茨认为 ChatGPT 是他一生中遇到的两大革命性技术之一，另一个是图形用户界面，并因此激发灵感开发出 Windows 系统。各种美誉随之而来，各种商业机会也不断涌现，OpenAI 公司在成立 7 年之后终于迎来了自己的高光时刻。

OpenAI 公司没有止步，于 2023 年 3 月 14 日发布智能水平更高的 GPT-4 模型，并以 ChatGPT Plus 和提供 API 的方式为大众提供服务。GPT-4 模型的参数规模和训练数据规模没有公布，按照以往的增长关系，可能要扩大 100 倍或 1000 倍。GPT-4 模型与此前版本相比，最大的特点是具有多模态输入能力，支持图像输入并生成说明、分类和分析，能够处理超过 2.5 万个单词的长文本。GPT-4 比 ChatGPT 具有更强的推理能力，语言输出更流畅，逻辑性更强，降低了不允许内容请求的可能性，并提高了事实响应的可能性，减少输出幻觉（常说的一本正经地胡说八道）内容，回答的准确性进一步提高。通过采用基于人类反馈的强化学习（Reinforcement Learning from Human Feedback，RLHF）技术对模型进行微调，纳入更多的人类反馈，增强模型的安全性和对齐性（与人类的价值观对齐）。GPT-4 具有更强的复杂任务处理能力，在达到一定阈值时，差异就会出现——GPT-4 比 GPT-3.5 更可靠、更有创意，而且能够处理更细微的指令。OpenAI 公司让它模拟参加律师资格考试，结果成绩能达到前 10%，与此相比 GPT-3.5 只能达到后 10%。当然，GPT-4 仍然是不完美的，生成有害信息、不可靠、输出幻觉内容等问题并没有解决，未来仍有巨大的改进空间。

2023 年 2 月 7 日，微软宣布旗下产品 Microsoft Bing、Edge、Microsoft 365 等与 ChatGPT 技术全面整合。在 GPT-4 发布后不久，微软基于它的赋能推出人工智能功能 Copilot（副驾驶），核心目的就是把 GPT-4 模型全部装进 Office 套件中。Word、PowerPoint、Excel、Outlook、Teams 等常用软件全部获得 GPT-4 的赋能，人们在日常工作中就能非常便利地利用 GPT-4 的强大能力。微软还发布了新产品 Business Chat（商务聊天），与其他 Office 套件产品融合在一起。众所周知，Office 是应用非常广泛的办公软件，以它为载体，GPT-4 带来的强大人工智能能力将无处不在。

除了微软，其他公司的软件也可以通过 OpenAI API 来获得 GPT-4 的赋能，使人工智能的新能力能够加速惠及全球所有人。另外，OpenAI 公司在 2023 年 3 月 23 日宣布推出 ChatGPT 插件功能（ChatGPT Plugins）。基于这个功能，ChatGPT 能够标准化地使用其他网站和应用的 API，利用它们的数据提供更聚焦的对话服务，ChatGPT 也因此有可能成为大量网站和应用的访问入口。就如同当年苹果公司开通苹果应用商店（App Store），OpenAI 完全有可能成为人工智能时代的苹果公司。现在是开发出 AGI 的前夜，到处都在酝酿巨大的变革，没有什么是不可能的。

📋 "人民公敌"？

欲戴王冠，必承其重。如果把开发出 AGI 视作加冕，那么 OpenAI 公司距离加冕时刻越近，来自普通大众、科学家、竞争者、政府等各方面的压力就会越大。普通大众预感将失去工作，习惯的生活将变得面目全非；科学家看到了它的先天不足和被坏人利用的风险；竞争者嫉妒它赢者通吃，赚取巨额利润；而政府则担心它会带来大量的社会问题，可能使社会治理失控和政府权力被瓦解。从某种意义上讲，当 OpenAI 公司走向巅峰之时，也是它成为"人民公敌"的时刻，因为人类面临时代巨变时通常会惊慌失措并把风险和责任归为新技术。类似的例子并不久远，在第一次工业革命后爆发的"卢德运动"仍然清晰地被记录在历史中。

最近发生的两件事让"人民公敌"有了清晰的论据。

2023 年 3 月 29 日，埃隆·马斯克联合 1000 多位科技界知名人物发布联名公开信，呼吁全世界所有人工智能实验室立即暂停对比 GPT-4 更强大的人工智能系统的训练至少 6 个月，理由是人工智能系统过于"黑箱"，连其开发者都无法理解、预测和可靠地控制它，继续开发可能会给社会和人类未来带来深远的风险，所以必须停下来，对相关开发进行整体规划和管理。该联名公开信指出，人工智能开发者必须与政策制定者合作，大幅加快开发强大的人工智能治理系统，以应对可能的风险。

2023 年 3 月 31 日，意大利个人数据保护局以用户隐私数据保护为名，宣布即日起禁止使用 ChatGPT，限制 OpenAI 公司处理意大利的用户信息并开始立案调查。不仅如此，还要求 OpenAI 公司在 20 天内向意大利个人数据保护局通报采取的措施，不然就可能被处以最高 2000 万欧元或公司全球年营业额 4%的罚款。这一事件开启了国家层面封禁先进人工智能技术的先例，不排除还有更多的国家跟进。

这两件事有些重复"卢德运动"的意味，但也有差异。"卢德运动"的参与者主要是处于社会底层的手工工人，话语权本来就不足。埃隆·马斯克等人是业界精英，具有强大的影响力，而意大利政府的权力更不必说。除了这些公开的信息，谷歌、Meta、DeepMind 等竞争者也在加快开发相应的系统，加速追赶 ChatGPT，显然它们也不会希望 OpenAI 公司过于强大。个人认为，技术发展的力量从来不以人的意志为转移，工业革命时如此，现在也会如此。因为即便阻止了 OpenAI 公司的开发进程，其他的竞争者也会开发出类似的系统，公开层面禁止了，非公开层面仍然会持续进行。坦然接受改变，用人类的共同智慧来控制改变中遇到的新问题可能会更加可行。

讨论到这里，我们就更能理解 OpenAI 公司所宣扬的信仰和使命，也能够认识到 OpenAI 公司设计"利润上限"公司、专门设置安全类和政策类团队的意义了。OpenAI 公司的创造者应该很早就认识到，AGI 一旦开发出来，就不可能属于一个人、一家公司，而是属于全人类的，或者说是服务于全人类的。只有以此为前提，高级的 AGI 技术才有可能真正被开发出来，并与人类价值观对齐。简单来说，OpenAI 公司为避免成为"人民公敌"已经提前做出了大量努力。但这些努力能避免 GPT 的后续模型沦为将要被砸坏的"珍妮纺纱机"吗？或许可以拭目以待。

4. 风暴有多强

ChatGPT 掀起的风暴过于强大，打开微信朋友圈、微信视频号、微博，到处都在讨论它是什么或如何使用它。

从商业价值来看，ChatGPT 及其开发公司 OpenAI 取得了前所未有的成功。2022 年 11 月 ChatGPT 发布，两个月后其用户数已经达到 1 亿人，据称是互联网领域有史以来增长最快的消费应用。一些公开的对比数据显示，ChatGPT 实现注册用户数达 100 万人只用了 5 天，而达到同样的注册规模，互联网社交媒体巨头脸书（Facebook）用了 10 个月、知名视频平台奈飞（Netflix）则用了 3.5 年。

以 ChatGPT 为关键词查询百度指数，将时间范围限定为 2022 年 11 月 1 日到 2023 年 6 月 30 日，可以看到如图 1-1 所示的搜索趋势。ChatGPT 刚刚发布后，

2022 年 12 月有一波不太高的搜索高潮，还没有引起太多关注。但到了 2023 年 2 月，几乎整月都处于 ChatGPT 的狂热当中，3 月之后其搜索热度并没有完全降低，甚至还出现几次较小的搜索高潮。OpenAI 的搜索热度要低一些，但趋势与 ChatGPT 基本相同。Web3.0、元宇宙等也是近两年来的热词，但它们与 ChatGPT 的搜索热度相比几乎可以忽略不计。

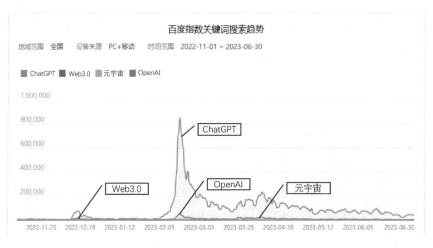

图 1-1　ChatGPT 的百度指数

　　类似地，在谷歌趋势中以 ChatGPT 为关键词查询全球范围的 ChatGPT 搜索热度（以谷歌网页的搜索数据为基础），将时间范围限定为 2022 年 11 月 1 日到 2023 年 6 月 30 日，可以看到如图 1-2 所示的搜索热度曲线。从全球来看，ChatGPT 在 2022 年 12 月引发了一波关注高潮，而在 2023 年 1 月下旬以后，搜索热度不断提升，并呈现持续高潮的状态，这也说明 ChatGPT 在国外引发的热潮比国内稍早一些，而且持续时间更长。OpenAI 的搜索热度具有类似的趋势。同样，在全球范围内，Web3.0、元宇宙等热词与 ChatGPT 的搜索热度相比，完全不在一个数量级上。

　　进一步，在谷歌趋势中，将时间范围限定为 2004 年以后（此前的数据该系统不能分析），以 ChatGPT、AI、元宇宙、云计算、5G 这些近 20 年中最具代表性的创新性技术为关键词查询搜索热度，可以看到如图 1-3 所示的搜索热度曲线。从中可以发现，尽管 ChatGPT 出现得最晚，但高峰热度并不低，甚至在一些时段比非常大众化的关键词 AI、5G 的高峰热度还要高。如果仅以近 20 年可获得的数据为依据，那么可以得到一个结论：ChatGPT 创造了近 20 年少有的奇迹。

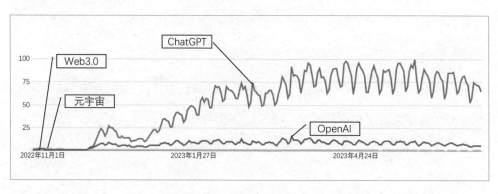

图 1-2　ChatGPT 全球搜索热度的谷歌趋势分析

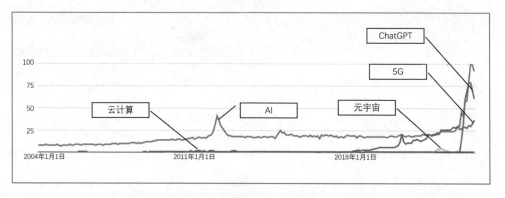

图 1-3　近 20 年主要创新性技术的搜索热度对比

　　ChatGPT 的出现就像一场 20 年难遇的超级台风，席卷了整个世界。每个人都不可避免会遭遇它，并被裹挟其中。这是否预示着一场更大变革的开始？或许时间才能给出最终答案。

5. 英雄创造时代

人永远是最重要的创造要素，也是改变世界的根本性驱动力量。在这本书的开始，我没有把讨论焦点放在技术上，而是关注创造技术的这些人，以及他们如何组织在一起形成创造力的故事。故事虽然很长，但要阐述的道理非常简单：创造者的成长经历、个性特质、信仰和使命是创造一切事物的基础，而有效的团队组织和机制设计能够让创造活动自然而然发生。结果尽管重要，但往往超出预料，具有很强的偶然性。合适的人、有效的团队组织和机制设计能够提高成功的概率。虽然这三者并不能确保好的结果一定发生，但好的结果发生一定是这三者缺一不可的。

就 ChatGPT 的成功来说，如果没有埃隆·马斯克和山姆·阿尔特曼的战略远见，没有格雷格·布洛克曼的超强组织能力，没有伊利亚·苏茨克维尔等人工智能精英加入后形成的团队组合，就不会有 OpenAI 公司。而在 OpenAI 公司的成长过程中，如果没有极为智慧地提出将"利润上限"公司作为运作机制，就不可能最终创造出 ChatGPT。因此，与其说 ChatGPT 创造了历史，不如说是 OpenAI 公司的所有创造者创造了历史。这些创造者打开了新时代的大门，让 AGI 成为触手可及的目标。很多年以后纵观整个人类的发展历史或许会发现，他们就如同普罗米修斯或燧人氏，是一群为人类盗取火种、发明钻燧取火方法的人。正是因为他们的创造，人类才进入全新的文明时代。

英雄创造时代，时代成就英雄。自古以来，人类社会从不缺乏英雄。英雄带领人们不断探索新知，走出蒙昧，使人类文明不断进步。詹姆斯·瓦特发明蒸汽机让人类社会进入工业时代；麦克斯韦创立电动力学引领人们进入电力和无线电波的时代；阿兰·图灵发明图灵机引领整个信息时代；比尔·盖茨发明计算机视窗系统（Windows）让计算机普及每个人；蒂姆·伯纳斯·李发明万维网推平高山和丘陵。还有很多类似的英雄，就不再一一列举。现在来看，OpenAI 公司中以山姆·阿尔特曼、格雷格·布洛克曼为代表的所有创造者创造出的价值和意义，一点也不亚于这些前辈。

安全可控的人工智能无处不在，人与机器共存共生，这就是 OpenAI 公司的创造者试图带领大家进入的新时代。

新时代来得好像过于仓促，大家都准备好了吗？

第二章

深度学习崛起

近年来，人工智能领域的一切重大技术进步都可以归结为深度学习，阿尔法狗、大语言模型 GPT 系列、聊天机器人 ChatGPT 的背后也都是深度学习技术。在近 20 年深度学习的发展过程中，计算机科学家开发了各种各样的算法模型，有成功的、有失败的，但无论成功与否都为后来者提供了重要的参照。要深刻理解 ChatGPT 的成功，就必须了解深度学习发展道路的曲折蜿蜒。

1. 人工智能梦想之路

1956 年夏天，约翰·麦卡锡、普林斯顿大学的马文·明斯基、"信息论之父"香农在达特茅斯学院组织了一场"人工智能夏季研讨会"，会上正式提出"人工智能"这一术语，开启人类追逐人工智能的梦想之路。

到了 2023 年夏天，人工智能作为一个独立学科存在整整 67 年。在此期间，几代计算机科学家前赴后继，不断探索、发展和丰富人工智能理论及算法，让这个学科体系逐渐成熟起来。科学家尝试用多种方法试图让计算机模拟人类的智能，有很多次小成功的喜悦，也遇到过很多次难以突围的困境。

世界上没有白走的路，现在 GPT 系列大语言模型的成就无疑是过去 67 年当中所有人工智能探索累积量变的最终结果，是以往研究的集大成者。与以往不同，看起来质变正在发生，弱人工智能向强人工智能（AGI）范式转换的边界已经被突破，提出"人工智能"这个术语的前辈们的梦想正接近实现。人们第一次感觉到距离 AGI 如此之近，人工智能的第五次浪潮也随之到来。

📋 符号主义开局（1956—1967 年）

有了人工智能的概念，还不算完全开始了工作。直到 1963 年，一个名为"逻辑理论家"的程序，完成了怀海特和罗素的《数学原理》第二章中的全部 52 条定理的证明。这个程序是由参加过达特茅斯会议的艾伦·纽厄尔和司马贺（又名赫伯特·西蒙）开发的，主要是模拟人们用数理逻辑证明定理时的思维规律。其实，早在 1956 年，修改前的"逻辑理论家"程序就已经证明了《数学原理》第二章中的 38 条定理。改进后的"逻辑理论家"程序得到了人们的高度评价，一般认为这是人工智能的真正开端。

早在 1952 年，后来参加过达特茅斯会议的另一位计算机专家阿瑟·塞缪尔就编写了一个跳棋程序。这个程序有学习功能，能够从棋谱中学习，也能在实践中总结经验。1959 年，这个程序战胜了开发者本人。1962 年，它打败了美国一个州的跳棋冠军。这是人机对弈的开始，也是机器模拟人类学习过程的一次探索。

1958 年，约翰·麦卡锡研制出表处理语言 LISP。它不仅可以处理数据，还可以方便地处理符号，成为人工智能程序设计语言的重要里程碑。LISP 语言在后来的 30 年中成为人工智能系统重要的程序设计语言和开发工具。

1960 年，艾伦·纽厄尔、司马贺等人研制出被称为通用问题求解器的程序，对人们求解问题时的思维活动做了一个总结，其中提出了启发式搜索的概念。

1965 年，阿兰·罗宾逊提出归结原理。这被认为是一项重大突破，也为定理证明的研究带来了又一次高潮。

随着研究的深入，早期人工智能的问题也不断暴露出来：对人工智能所求解问题的复杂性缺乏全面的认识；发现归结原理的归结能力是有限的，在证明两个连续函数之和还是连续函数时，推了十万步还没有推出来；在机器翻译应用方面发现程序根本不能理解句子。这些问题看起来不是战术性的，而是战略性的，无法用局部优化改进来解决，开发出来的人工智能系统没有任何实用价值。热潮退去之后，人工智能陷入第一次低谷。

早期神经网络、自然语言处理、机器学习等现在的热点此时也已经萌芽。这些研究虽然没有主导这一时期的人工智能发展，但在世界的一些角落仍然茁壮成长。

1957 年，康奈尔大学的弗兰克·罗森布拉特开发出"感知机"，即程序化神经元，由神经元组成的网络可以学习识别和输入信号中的简单图案。弗兰克·罗森布拉特证明单层神经网络在处理线性可分的模式识别问题时能够收敛。1962 年，他写了《神经动力学原理：感知机和大脑机制的理论》，掀起了早期神经网络研究的小高潮。但是，曾参加达特茅斯会议的马文·明斯基和麻省理工学院的教授佩伯特证明单层神经网络不能解决 XOR（异或）问题，直接否定了弗兰克·罗森布拉特的神经网络计算能力。此后，神经网络研究陷入长期低迷，经历了很多年的低潮期。

1950 年，阿兰·图灵在论文《计算机器和智能》中提到图灵测试、机器学习、遗传算法和强化学习等概念。开发出跳棋程序的阿瑟·塞缪尔，在 1959 年正式提出"机器学习"一词并大力推广，因此被称为"机器学习之父"。

自然语言处理在这波浪潮中也有了一些开创性的工作。1954 年，乔治敦大学和 IBM 联合组织了一次机器翻译实验，能够把 60 多句俄语句子完全自动翻译成英语。1964 年，麻省理工学院的研究者开发出最早的聊天机器人 ELIZA。它主要用于探索人与机器之间的交流，不过其本质是利用人对机器理解的错觉。1968 年到 1970 年，麻省理工学院开发了另一个早期的自然语言处理程序，能够支持用户用英语术语和计算机对话，并控制计算机系统进行简单操作。

专家系统繁荣一时（1968—1985 年）

1968 年，斯坦福大学的爱德华·费根鲍姆和遗传学家、诺贝尔奖得主莱德伯格等人合作，开发出世界上第一个化学分析专家系统 DENDRAL。开发这个专家系统的主要目的是研究科学中的假设形成和发现，具体作用是帮助有机化学家通过分析质谱和使用化学知识来识别未知的有机分子。

1972 年，斯坦福大学开发出用于诊断和治疗细菌感染性血液病的专家系统 MYCIN，能够用来进行严重感染时的感染菌诊断和抗生素给药推荐。基于 MYCIN 的成就，有人开发出建造专家系统的工具 EMYCIN。进一步，科学家还开发出探矿专家系统 PROSPECTOR。这个专家系统用语义网络来表示知识，采用贝叶斯概率推理不确定的数据和知识，在技术上取得了较大的进步。1972 年，还出现了逻辑程序语言 PROLOG，它能够用来建造专家系统及智能知识库等。

1977 年，爱德华·费根鲍姆在第五届国际人工智能联合会上发表了题为"人工智能的艺术：知识工程课题及案例研究"的演讲，首次提出知识工程的概念。基于知识工程的概念和逻辑，日本提出开发第五代电子计算机的设想，即具有智能接口、知识库管理、自动解决问题的能力和其他类人智能的计算机。如果这个设想以现在的大语言模型为基础，或许也并非一无是处。但以当时的技术水平来看，开发第五代电子计算机只能是空想。

到 20 世纪 80 年代中后期，尽管世界上开发了大量的专家系统，但其实用价值非常有限。专家系统的问题也不少：专家系统本身没有知识，从外界获取知识非常困难，建设难度本来就非常大，还难以持续维护；应用领域很窄，适应性很差；不能从经验中学习，像一个知识僵化的专家；在面临不确定性很强的问题时，系统会经常崩溃。

到 20 世纪 90 年代，互联网开始商用并快速普及。分布于世界各地的知识、世界各地能够不断创造知识的人被互联网连接在一起，网络中的海量知识被汇聚起来，还能持续增长。与互联网中的知识相比，专家系统中的少量知识都不好意思称为知识。专家系统掀起的人工智能浪潮逐渐退去。

在这个时期，神经网络完全被排挤到边缘，有的学者即使做了一些研究也不敢公开承认，或者即使研究论文发表了也少有人关注。其中，虽然一些研究在当时没有引起关注，但对后来的神经网络研究影响深远。1974 年，保罗·韦博斯在自己的博士论文中证明了在神经网络中增加一层，并且利用反向传播学习方法，能够解决曾经制约神经网络发展的异或问题。20 世纪 80 年代初期，加州理工学院的教授约翰·霍普菲尔德发明了一种名为 Hopfield 的新型神经网络系统，在模式识别方面能够解决一些问题，还能够给出一类组合优化问题的近似解。

同一时期，自然语言处理、机器学习基于符号主义的逻辑还是取得了一些进展。到 20 世纪 70 年代，一些人开始编写概念本体，试图把现实世界中的信息结构化为计算机可理解的数据。1972 年，斯坦福大学的研究者基于概念、概念化和信念（关于概念化的判断：接受、拒绝、中立）开发出一个体现对话策略的聊天机器人 PARRY。20 世纪 80 年代是基于符号方法进行自然语言处理研究的鼎盛时期，基于规则的解析研究、形态学、语义学等方面取得较大进展。Jabberwacky 和 Racter 等早期聊天机器人也在此阶段被开发出来。

神经网络的复兴（1986—2005 年）

专家系统退潮后，基于联结主义的神经网络研究再次焕发生机。所谓联结主义，即相关学者认为模拟大脑神经元相互连接而成的计算机程序能够模拟和实现类人的智能。

最早的神经网络模型，就是根据人脑的神经元结构受到启发的，认为构成一个类似神经元连接的结构很重要。例如，把同一个程序复制很多份，这个程序有输入和输出，可以模拟成神经元，把这些神经元程序组成不同的网络层，底层输出接到高层输入，为每个连接赋予一个权重，0 表示没有连接，100 表示强连接。然后根据底层输入端的示例数据不断调整所有连接的权重，直到最后系统稳定下来。训练稳定后的人工神经网络就构成了一个模型，可以用来分析和预测。

自弗兰克·罗森布拉特发明的感知机（单层神经网络）被符号主义权威马文·明斯基否定后，其后很多年神经网络都没有取得什么进展。在 1986 年发表的一篇里程碑论文中，戴维·鲁梅尔哈特、杰弗里·辛顿等人把反向传播（Back-Propagation，BP）算法应用到多层神经网络中，解决了早期神经网络发展中遇到的问题，被马文·明斯基等人尖锐提出的异或问题也不复存在。

1985 年，哈佛大学神经生物学博士特里·谢伊诺斯基开发了一个基于神经网络算法的 NETtalk 英语学习系统。这个神经网络系统集成了 300 个被称作"神经元"的模拟电路，并分为三层，包括用于捕捉单词的输入层，用于表达语音的输出层，以及连接两者的隐藏层。这个神经网络系统 3 个月的学习所能达到的水平可以和经过 20 年研制成功的语音合成系统相媲美。

1985 年到 1986 年，戴维·鲁梅尔哈特、杰弗里·辛顿、威廉姆斯·赫等人相继提出使用 BP 算法训练多参数线性规划的理念，为后来的深度学习崛起埋下了伏笔。

1987 年，美国举行了第一届神经网络国际会议。1988 年开始，很多国家都在神经网络方面增加了投资，神经网络度过了一段美好的时期。

1997 年，塞普·霍赫赖特（Sepp Hochreiter）提出了 LSTM 网络模型。这个模型解决了循环神经网络随时间遗忘信息的问题，是后来深度学习发展中的一个重要里程碑。

1998 年，杨立昆和约书亚·本吉奥（Yoshua Bengio）发明了能够用于手写字符识别和分类的卷积神经网络系统 LeNet。不过由于算力和数据的限制，这个系统并没有引起反响。

一些非神经网络的机器学习算法在同一时期也取得了突破，性能甚至超越神经网络，神经网络的光环逐渐褪去。

1986 年，昆兰提出了名为"决策树"的机器学习算法。它能以非常简单的规划和明确的推论找到更多的现实案例，这一点与神经网络的"黑箱"模型有所不同。

1995 年，瓦普尼克提出了统计学习理论，并由此提出了支持向量机（Support Vector Machine，SVM）。SVM 是一种监督学习算法，可以分析数据、识别模式，用于分类和回归分析。SVM 与神经网络类似，都是机器学习的机制。但与神经网络不同的是，SVM 使用的是数学方法和优化技术。

2001 年，利奥·布雷曼和阿黛尔·卡特勒提出了随机森林算法。它是一个包含多个决策树的分类器，取得了很好的效果。

随着研究和应用的深入，研究者也发现了神经网络模型的问题。比如，神经网络计算不依靠先验的知识，而是依靠学习和训练来从数据中获得规律与知识，这既是一个优点，也是一个缺点。此外，还有三个缺点：一是效率问题，由于当时的计算机计算能力还很有限，因此学习和训练周期很长；二是由于依靠训练形成，因此神经网络需要不断调整结构，最后的结构谁都看不懂，结果当然就无法判断；三是虽然卷积神经网络和循环神经网络已经出现，但深度仍然比较浅，不能处理非常复杂的任务。另外，由于互联网 1.0、互联网 2.0 的连续崛起，神经网络研究逐渐被淹没，人工智能的第三次浪潮逐渐退去。

📋 深度学习的胜利（2006—2021 年）

深度学习，就是用多层神经元构成的神经网络达到机器学习的目的。从 2006 年开始，云计算、大数据、移动互联网、物联网等信息新技术快速发展，使深度学习技术取得较大进展。2016 年，基于深度学习算法的阿尔法狗战胜人类世界围棋冠军，标志着人工智能第四次浪潮达到高峰。

2006 年，神经网络专家杰弗里·辛顿和他的学生发表了两篇文章，开启了深度学习这个新篇章。其中发表在《科学》上的文章《神经网络用于数据降维》（Reducing the Dimensionality of Data with Neural Networks）提出了降维和逐层预训练的方法，使深度神经网络的实用化有了可能。文章中还提出深度学习的概念，开创了人工智能研究的新阶段。而在另一篇题为《一种基于深度信念网络的快速学习算法》（A Fast Learning Algorithm for Deep Belief Nets）的文章中首次提出深度信念网络算法。此后，杰弗里·辛顿用深度信念网络做图像识别，取得显著成效。2009 年，微软和杰弗里·辛顿合作，用深度学习加上隐马尔可夫模型开发语音识别和同声翻译系统，直到 2011 年取得突破。2011 年也被一些人工智能专家认为是深度学习真正崛起之年。

2012 年，杰弗里·辛顿和他的学生亚历克斯·克里日夫斯基、伊利亚·苏茨克维尔（OpenAI 公司的联合创始人之一）共同发明的名为 AlexNet 的深度卷积神经网络，使用 8 层网络，以绝对优势赢得"ImageNet 2012"图像识别挑战赛的冠军。到 2017 年 8 月，微软宣布改进微软语音识别系统中基于神经网络的听觉和语言模型，比 2016 年降低了大约 12% 的出错率，词错率为 5.1%，宣称超过专业速记员。

2012 年，斯坦福大学人工智能实验室主任吴恩达与谷歌合作建造了一个巨大的神经网络。有关资料说，这套系统由 16 000 个处理器连接而成，内部共有 10 亿个节点，模拟包含 300 万个神经元的巨大组织，学习如何在没有人介入（无监督学习）的情况下，从 YouTube 视频提取的图片中识别猫和人类。然后，谷歌科学家用这套系统展示了从 YouTube 上随机选取的 1000 万段视频，考察系统能够学到什么。结果显示，在无外界指令的自发条件下，该人工神经网络自主学会了识别猫的面孔。

在深度学习领域，除前面提到的杰弗里·辛顿外，还有两位领军人物，一个是杨立昆，另一个是约书亚·本吉奥。杨立昆的主要贡献是在卷积神经网络（Convolutional Neural Network，CNN）方面的工作，被称为"卷积神经网络之父"。约书亚·本吉奥的主要贡献在于对循环神经网络（Recurrent Neural Network，RNN）的一系列推动，这些工作都是深度学习的核心构成部分。2015 年，杰弗里·辛顿、杨立昆、约书亚·本吉奥在纪念人工智能 60 周年时推出了深度学习的联合综述：

"深度学习可以让那些拥有多个处理层的计算模型来学习具有多层次抽象的

数据的表示。这些方法在许多方面都带来了显著的改善，包括先进的语音识别、视觉对象识别、对象检测和许多其他领域，如药物发现和基因组学等。深度学习能够发现大数据中的复杂结构。它是利用 BP 算法来完成这个发现过程的。BP 算法能够指导机器从前一层获取误差而改变本层的内部参数，这些内部参数可以用于计算表示。深度卷积神经网络在处理图像、视频、音频方面带来了突破，而递归神经网络在处理序列数据，如文本和语音方面表现出了闪亮的一面。"

2016—2017 年，基于深度学习算法的人工智能程序阿尔法狗连续战胜人类世界围棋冠军，引起全世界的轰动，这也让这一波人工智能浪潮达到高峰。人们认识到，经过 60 多年的发展，人工智能已经能够做到实用化了。不过，此时人工智能的进展还局限为弱人工智能，即只能在专门领域解决特定问题。

2017 年，谷歌大脑团队在题为《注意力是你所需要的》(Attention is All You Need) 的经典论文中提出 Transformer 模型。它是一个完全基于注意力机制的深度学习模型，在精度和性能上都要高于之前流行的循环神经网络。现在所说的大语言模型基本上都以它为基础。

在 2022 年年底到 2023 年年初 ChatGPT 掀起新的浪潮之前，各种基于深度学习算法的弱人工智能已经渗透、普及各行各业。图像识别、语音识别、机器翻译、人机对话等专门领域的人工智能技术蓬勃发展，智能终端、智慧安防、智慧交通、智能制造、智能客服、智能家居等领域都嵌入了人工智能系统，产生了巨大的价值。

随着基于深度学习算法的弱人工智能的逐渐普及，人们发现了很多问题，如：

人工智能表现出来的"人工智障"问题，即不能很好地理解人的话语，难以流畅地和人类交流；模型训练需要大量的数据标注工作，而且训练效率低下；作为辅助性能力表现还比较好，而生成性能力表现比较差；应用过于专用，通用性差；模型过于"黑箱"，可解释性差。

🔖 走向通用人工智能（2022—2038 年）

ChatGPT 及其背后的 GPT-3.5、GPT-4 等大语言模型看起来是以往深度学习模型的延续，但又存在显著的区别：参数规模和训练数据规模比以往深度学习模型大很多个数量级，是其百倍、千倍，甚至万倍；随着模型规模的剧增，出现了前所未有的涌现能力；采用预训练加微调的训练方法，训练效率显著提高，也不需要大量的数据标注工作；利用人类反馈强化学习方法，提升人工智能系统的安全性和对齐性（与人类价值观对齐）；具有强大的内容生成能力。二者区别这么大，自然不能把大语言模型仅当作深度学习浪潮的延续。ChatGPT 和 GPT 相关模型的核心价值是打通了走向 AGI（通用人工智能）的道路，或者说打破了弱人工智能和强人工智能之间的屏障，让 AGI 变得不再遥不可及。同时，离 AGI 越近，它的安全和可控问题就越加重要。以人为中心、不伤害人类、与人类价值观对齐等都是未来人工智能发展中必须兼顾的因素。

现在，世界范围的数字科技巨头都宣布开发类似 GPT 系统模型的大语言模型计划，政府也陆续出台促进发展的政策，投资机构的大量资金涌向这个领域，大学和科研机构相关学科也开始转向与大语言模型相关的新方向，而大众则在忐忑不安和期待改变两种对立的情绪中等待新时代的大幕拉开。

当前所有的迹象都在说明，第五次人工智能浪潮已经到来，其重心将是开发出安全可控的 AGI，并加速 AGI 与社会各个领域的融合。AGI 成为全新的生产力，生产关系和社会构造也会随之改变。

考虑到人工智能发展历史上的波动周期大约为 16 年，以 2022 年为起点，预计 2038 年前后将有可能实现比较成熟的 AGI 技术。

2. 深度学习是机器学习的一个分支

通常的计算机执行人类任务、解决问题往往需要精心设计的程序，机器学习则不同，它从人的学习中得到启发，试图让计算机具备类人的学习能力，先从数据中归纳模型，然后用来解决问题。

机器学习是人工智能的重要分支，其基本思想是利用计算机从已知的数据中提炼规律和模型，用来对未知的数据进行分类或预测。它已经广泛应用于各种科学研究领域，如计算机视觉、自然语言处理、模式识别、机器翻译、数据挖掘等。

机器学习从学习方法的角度可以分为监督学习、无监督学习、半监督学习、强化学习、迁移学习和深度学习等。现在，深度学习已经成为机器学习的主流方法，并在很多实用场景中发挥了价值。

📄 监督学习

监督学习（Supervised Learning）是指从有标签的训练数据中学习出一个模型，使其能够对新的未知数据进行分类或预测的过程。在监督学习中，训练数据中的每个样本都有一个已知的标签或目标值，模型通过学习样本中的特征与标签之间的关系，从而预测新样本的标签或目标值。常见的监督学习算法包括决策树、朴素贝叶斯、支持向量机、逻辑回归和神经网络等。

📄 无监督学习

无监督学习（Unsupervised Learning）是指从无标签的训练数据中学习出一个模型，从而发现数据中的潜在结构和模式的过程。在无监督学习中，模型不知道训练数据的标签或目标值，它通过学习数据中的特征和结构，从而发现其中的模式和规律。无监督学习的应用范围非常广泛，如聚类分析、降维、异常检测等。常见的无监督学习算法包括 K-Means 聚类、自组织映射（SOM）、主成分分析（PCA）、独立成分分析（ICA）等。

📄 半监督学习

半监督学习（Semi-Supervised Learning）介于监督学习和无监督学习之间，是指从部分有标签的训练数据和大量无标签的训练数据中学习出一个模型，以提高模型的性能和泛化能力的过程。在半监督学习中，模型先通过有标签的训练数据来学习出一些规律和特征，然后用无标签的训练数据来进一步优化及扩展这些规律和特征。半监督学习通常可以在有限的标注数据下提高模型的性能和效果，同时能够充分利用大量的未标注数据，从而提高模型的泛化能力。在自然语言处理中，标注数据往往需要较高的成本，得不偿失，因此大多数文本数据都是没有标注的数据，此时利用半监督学习技术可以更好地实现任务目标。

📋 强化学习

强化学习（Reinforcement Learning）是指通过让智能体（某种能够采取行动的东西，如计算机程序）在环境中不断试错，使智能体能够自主地学习如何在某种环境中采取行动，以使所获得的奖励最大化的过程。在强化学习中，不会预先设定智能体如何执行任务，而是需要不断试错。在每个时间步，智能体会观察环境的状态，并根据当前的状态采取某项行动，再根据环境的反馈不断调整策略，以便在未来获得更大的奖励。

强化学习可以分为三种类型：基于价值函数（在某种状态下采取某项行动所能获得的长期奖励）的强化学习方法，基于策略（智能体在某种状态下应该采取行动的概率分布）的强化学习方法，基于价值函数和基于策略相结合而成的强化学习方法。

强化学习在许多领域都取得了成功，包括游戏、自动驾驶、异常检测、机器人控制、自然语言处理等。在阿尔法狗的设计中，就使用了深度强化学习技术。它先从大量的棋谱数据中学习规则和战略，然后使用深度神经网络来提高自己的下棋水平。ChatGPT 和 GPT 系列模型同样使用深度强化学习方法来对模型进行微调，以提高模型的性能。

迁移学习

迁移学习（Transfer Learning）是一种将已经学到的知识迁移到新任务或新领域中的学习方式。迁移学习可以大大减少新任务的训练成本和样本数量，并提高模型的泛化能力。在传统机器学习中，通常每个任务都需要独立的数据集和模型进行学习与训练。但是，这种方法可能存在数据不足和训练时间长等问题，而迁移学习可以解决这些问题，并提高模型的性能和效率。

迁移学习可以分为四种类型：基于实例的迁移、基于特征的迁移、基于模型的迁移和基于关系的迁移。其中，基于实例的迁移是将已学习到的数据集直接应用于新任务上；基于特征的迁移是将已学习到的特征提取器应用于新任务上；基于模型的迁移是利用已经训练好的模型在新任务上进行微调；基于关系的迁移是利用已知任务之间的关系来帮助新任务的学习。

迁移学习也存在一些挑战。首先，如何选择合适的迁移方法和模型是一个难题。不同的迁移方法和模型对不同的任务具有不同的适用性。其次，如何选择合适的数据集和模型进行迁移也是一个难题。如果选择不合适的数据集和模型进行迁移，则可能导致模型性能下降。最后，如何解决领域不匹配问题也是一个难题。如果源领域和目标领域的分布差异很大，则可能导致迁移效果不佳。

📄 深度学习

深度学习（Deep Learning）是近十多年来新兴起的一种机器学习方法。它采用多层（一般三层以上）神经网络架构，每一层都有许多神经元，用于提取不同级别的特征。这些层级可以通过反向传播算法进行训练，以优化模型参数，从而实现不断自动学习，最终从原始数据中提取出抽象的表示。它可以用于语音识别、图像识别、自然语言处理、内容生成等任务，也可以用于强化学习任务，以帮助机器学习系统实现更好的学习策略。

深度学习领域开发了大量各有特色的算法，如卷积神经网络、循环神经网络、深度信念网络、递归神经网络、生成对抗网络等。不同的算法有着自己最佳的适用领域，如：深度卷积神经网络在处理图像、视频、音频等方面表现优异；循环神经网络和递归神经网络在文本与语音方面比较擅长；生成对抗网络可用于识别特定的对象和类别，并能够生成具有良好质量的虚拟图像。

3. 感知机如何进化为深度学习

📄 神经元与感知机

深度学习起源于神经网络，神经网络则起源于人工智能早期研究者对人类神经系统功能的模拟。

1943 年，沃伦·斯特吉斯·麦卡洛克（Warren Sturgis McCulloch）和沃尔特·皮茨（Walter Pitts）提出了第一个神经元模型。这个模型由多个输入和一个输出组成，其二进制输出 Y 由多个二进制输入 X 的加权和通过一个阈值函数 f 进行处理而得到，如图 2-1 所示。显而易见，基于神经元模型调整权重和阈值，就能够得到不同的决策模型。不过当时受技术条件的限制，沃伦·斯特吉斯·麦卡洛克和沃尔特·皮茨无法训练神经元模型，因此也就没了下文。

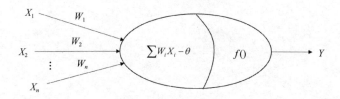

图 2-1　神经元模型（其中 θ 为偏置常数，W 为权重向量）

1958 年，弗兰克·罗森布拉特引入机器学习的思想，提出感知机模型（见图 2-2），包含输入层和输出层两层构成，输出层只有一个神经元，可以用于二元分类问题。感知机通过学习输入特征的权重和偏置，来实现对数据的分类。在此模型中，O^k 为期望的输出值，S^k 为输入模式向量，θ 为偏置常数，W 为权重向量，偏置常数和权重向量初始时随机赋值，网络实际输出为 y（当前状态下输入模式向量加权和减去偏置 θ，再通过一个激活函数 f 处理其数值得到）。然后计算感知机实际输出 y 和 O^k 之间的误差，如果误差不为零，则更新权重值和偏置值，重复这个过程直到误差为零，输出正确结果为止。收敛定理指出，如果输入样本线性可分，那么感知机的计算过程能够在有限步之内收敛，也就是说针对线性样本数据确定能够完成感知机的训练过程。训练完成的模型就可以针对新的数据做分类或预测。

人工智能研究的先驱马文·明斯基等人证实感知机模型最大的缺陷就是不能处理非线性数据和异或问题，导致神经网络研究在很长一段时间内停滞不前。尽管后来的研究证实多层感知机模型（神经网络）能够解决马文·明斯基等人指出的问题，不过在当时的算力条件下，实现多层感知机模型也是不可能的事情。

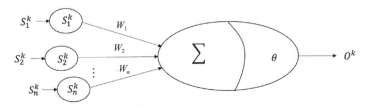

图 2-2　感知机模型

前馈神经网络

把感知机按照有向无环图的方式连接起来可组成一种多层感知机网络，通常称为前馈神经网络（Feedforward Neural Network，FNN）。它是最基本、最简单的神经网络，也是最常见的一种人工神经网络。前馈神经网络一般由输入层、隐藏层和输出层组成。它的输入只向前传递，不进行回馈，因此称为"前馈"，如图 2-3 所示。

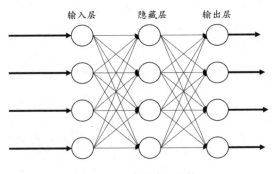

图 2-3　前馈神经网络

　　输入层的节点接收输入数据，每个节点就是一个感知机（或称神经元），隐藏层的节点（感知机）通过对输入进行处理得到输出，输出层的节点（感知机）则根据隐藏层的输出进行最终输出。每个节点都包含一个带权重的加权和函数与激活函数（sigmoid 函数、ReLU 函数等非线性函数），用于将输入转换成输出。在多层前馈神经网络中，前面一层节点激活函数处理过的数据是下一层所有节点的输入，不断向前传递信息，直到最终输出。

　　这里需要解释一下对神经网络运行非常重要的激活函数。激活函数是一种非线性函数，利用它对神经网络各个节点的输出进行处理能够产生非线性的响应，从而可以使神经网络更好地适应复杂的数据分布和模式。如果没有激活函数，神经网络就只能表示线性函数，无法处理复杂的非线性问题。由于不同激活函数的特性和性能不同，因此在构建神经网络时需要针对不同的任务进行适当的选择。常用的激活函数包括以下几类。

◇　逻辑斯蒂函数或 sigmoid 函数：将输入映射到 0 到 1 之间的连续输出，通常用于二元分类问题。它存在致命的缺点，就是在输入较大或较小的区域时，梯度会变得很小，容易出现梯度消失（指在神经网络反向传播过程中，随着深度增加，梯度逐渐变小，最终变为接近于零，导致深层神经网络的参数无法更新，训练变得困难甚至无法进行的现象）的问题。

◇　ReLU 函数：对于正数输入，输出等于输入；对于负数输入，输出为 0。ReLU 函数的计算速度通常比其他函数要快，也更易于训练。但这个函数的问题是，当输入为负数时，梯度为 0，导致节点被"杀死"。

✧ tanh 函数：将输入映射到-1 到 1 之间的连续输出，与 sigmoid 函数类似，但具有更大的输出范围，可以更好地处理数据的分布和模式。不过，tanh 函数也存在梯度消失的问题。

✧ Leaky ReLU 函数：类似于 ReLU 函数，但对于负数输入，输出为一个小的正数，而不是 0。这可以避免 ReLU 函数在负数区域出现前面提到的"死亡"节点问题。

✧ Softplus 函数：一种平滑的非线性函数，类似于 ReLU 函数，但比 ReLU 函数具有更平滑的表现，在优化时更容易处理。

构建出前馈神经网络后，计算方法与感知机类似，只不过增加了迭代的层次，这样就可以进行逐层的信息处理，得到最后一层节点的输出。

机器学习就是要让计算机系统从已有的数据中找到规律和模型，满足输入和输出之间的映射关系。对神经网络来说，就是通过调整权重与偏置等参数来建立输入和输出之间的映射关系，进而实现机器学习。那么，它是不是一定能够建立这个映射关系呢？

通用近似定理对这个问题做了解答。它证明神经网络只要网络规模足够大，就可以用于近似任何连续函数。换句话说，对于任何连续函数，都可以使用网络规模足够大的神经网络进行逼近。尽管通用近似定理做了证明，神经网络一定能够建立输入和输出之间的映射关系，但在实际应用中，可能面临计算复杂度急剧增加、模型过度拟合（指神经网络模型在训练数据上表现非常好，但模型过于关注训练数据中的噪声或细节，导致模型的泛化能力变差，不能很好地适应新的数据）等问题。

从感知机到前馈神经网络比较容易设想出来，前馈神经网络看起来比感知机进步很大，但在发明出反向传播算法之前，如何训练它是一个难题。

📃 反馈神经网络

既然有前馈神经网络，自然也会有反馈神经网络。反馈神经网络与前馈神经网络以有向无环图方式组网不同，它以无向图方式组网。最典型的反馈神经网络就是 Hopfield 网络，如图 2-4 所示。

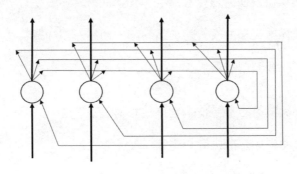

图 2-4 Hopfield 网络

前面提到，加州理工学院的教授约翰·霍普菲尔德在 20 世纪 80 年代初发明了名为 Hopfield 的新型神经网络系统，来处理模式识别、分类优化、自动关联记忆等任务。Hopfield 网络是单层的反馈神经网络，也是一种特殊的循环神经网络，每个神经元的输出都成为其他神经元的输入，每个神经元的输入都来自其他神经元。早期的 Hopfield 网络只能处理双极型离散数据（输入+1、−1）和二进制数据（0、1），因此被称为离散 Hopfield 网络。后来，约翰·霍普菲尔德将其扩展到输入和输出都能够取连续数值，这种网络被称为连续 Hopfield 网络。

Hopfield 网络的训练过程是一种无监督的学习过程：首先，采用随机数初始化所有神经元之间的连接权值；其次，将一组离散型的二进制样本输入网络中，作为训练数据；最后，通过一定的迭代算法，不断地调整网络中的连接权值，使网络可以存储这些训练数据，并在后续的识别和分类任务中可以对这些数据进行自适应处理。

Hopfield 网络的工作过程主要包括两个阶段：存储和检索。在存储阶段，Hopfield 网络通过训练将一组离散型的二进制样本存储在网络中，即通过调整神经元之间的连接权值，使网络能够对这些样本进行自适应处理。在检索阶段，当输入一种部分模糊或失真的模式时，Hopfield 网络可以通过自适应地调整神经元之间的连接权值，找到最相似的存储模式，从而输出该模式的完整形式。

Hopfield 网络具有自适应性、容错性和稳定性等优点，但也存在存储容量限制、收敛速度较慢和局部最优解问题等局限性。

反向传播算法

神经网络研究先驱、感知机的开发者弗兰克·罗森布拉特在其 1962 的著作中提出了"反向传播错误"（Back-Propagating Errors）一词，但不知道如何实现。直到 1986 年，戴维·鲁梅尔哈特、杰弗里·辛顿、威廉姆斯·赫在题为《通过反向传播错误学习表示》的论文中应用反向传播算法，让曾经沉寂良久的神经网络再次复兴。反向传播算法通常用来训练神经网络模型，优化模型的权重和偏置，使神经网络能够准确地预测输出结果。

在神经网络中，输入数据通过多个层次的神经元传递，最终输出结果。为了使神经网络能够准确地预测输出结果，就需要对模型进行训练。训练过程就是不断调整模型的权重和偏置，使模型的输出结果与实际结果更加接近。反向传播算法通过使用梯度下降（通过不断调整模型的参数，逐步降低模型的误差，使模型能够更加准确地预测输出结果）算法来调整模型的权重和偏置，以使模型的误差最小化。

反向传播算法的核心是计算模型的误差对每个权重和偏置的偏导数，进而可以计算出误差函数（或称损失函数）对每个参数的梯度，然后根据梯度下降算法，调整每个参数的值，以使误差最小化。反向传播算法分为两个阶段：前向传播和反向传播。在前向传播阶段，输入数据通过神经网络的多个层次传递，计算出模型的输出结果。在反向传播阶段，根据模型的输出结果和实际结果之间的误差，计算出误差对每个权重和偏置的偏导数，然后使用梯度下降算法来调整每个参数的值，以使误差最小化。在计算误差对每个权重和偏置的偏导数时，反向传播算法使用了链式法则，将误差对输出结果的偏导数逐层向前传递，最终计算出误差对每个参数的偏导数。通过不断迭代反向传播算法，可以使神经网络的预测结果越来越准确，从而提高模型的泛化能力和预测性能。

反向传播算法的提出对神经网络的发展来说是一个重要的里程碑，使神经网络可以通过学习大量数据来进行非线性分类和回归任务。它的意义表现在以下几个方面：显著提高神经网络的训练效率，使训练神经网络变得更高效和可行；支持更深层次的神经网络，深层神经网络可以处理更复杂的问题，最终使深度学习成为可能；促进神经网络在图像识别、语音识别、自然语言处理方面的实用化。

卷积神经网络

早期学者探索了神经元与感知机、前馈神经网络、反馈神经网络，但遇到难以训练、效率不高等问题。在提出反向传播算法后，多层神经网络训练就不再是难题，神经网络发展进入繁荣时期，最后演化、发展为深度学习。深度学习不是一种算法模型，而是多种算法模型的统称。其中，卷积神经网络和循环神经网络就是深度学习发展初期的典型算法模型。

卷积神经网络和循环神经网络均出现在深度学习概念提出之前，是 20 世纪 90 年代神经网络盛行时期的典型成果。1998 年，杨立昆等人发明了名为 LeNet 的卷积神经网络系统。它基于反向传播算法训练，能够用于手写字符的识别和分类，在美国银行投入使用，是深度学习兴起阶段的标志性模型。LeNet 的结构设计非常经典，为后来的卷积神经网络发展奠定了基础。不过，在当时的算力技术落后和训练数据集较小的限制下，卷积神经网络的相关应用还十分有限。随着深度学习概念的提出，更多层次的卷积神经网络和循环神经网络出现，它们也成为深度学习的典型算法模型。熟悉这两个模型，能够更加深入地理解深度学习。

顾名思义，卷积神经网络是一种包含卷积计算的多层前馈神经网络。它有三个重点：局部感知域（或称感受野）、共享权重和池化。传统的神经网络是输入层的神经元与隐藏层的每个神经元连接，但卷积神经网络不同，它把输入层图像的一个局部区域连接，这个局部区域就叫作局部感知域。然后，把局部感知域的所有神经元与第一个隐藏层的同一个神经元连接，每个连接上有一个权重参数。比如，局部感知域与隐藏层的一个神经元有 16 个连接，就有 16 个权重参数。进一步，把输入层的局部感知域按从左往右、从上往下的顺序滑动，就会得到对应隐藏层的不同神经元。全部滑动完成后，所有局部感知域就会对应出第一个隐藏层。这一意图就是第一个隐藏层的所有神经元都在检测图像不同位置的同一个特征，实现从输入层到隐藏层的特征映射。在实际操作时，可能不止一个特征映射，可能会有几十个特征映射，这样就会形成多个隐藏层。这些隐藏层也称卷积核，或者卷积层，每个卷积层对应一个特征。特征映射的权重就称为共享权重，偏差称为共享偏差。一个特征映射面上的神经元共享权重，减少了网络自由参数的个数。在卷积层之后就是一个池化层，池化也可以理解为聚合统计，简化卷积层的输出。池化层中的每一个神经元对应着前一层一个区域内神经元的求和，或者对应着前一层一个区域中的最大激励(Max-Pooling)。池化如何操作主要根据算法的不同进行设计，经过池化会得到神经元更少的池化层。每个特征映射都对应一个池化处理，对应一个池化层。最后有一个全连接层，这个层的神经元与最后一个池化层的每个神经元连接。输入层、卷积层、池化层、全连接层、输出层连在一起就构成了一个卷积神经网络。一个实际的系统比上面的介绍要复杂得多，也可以有多个卷积层、多个池化层、多个全连接层，但大体的逻辑是一样的。卷积神经网络的基本结构如图 2-5 所示。

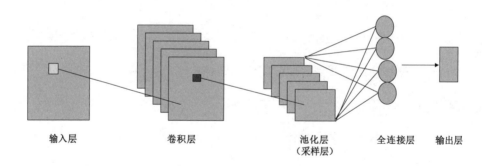

输入层　　　　　　卷积层　　　　　　　　　池化层　　　全连接层　　输出层
　　　　　　　　　　　　　　　　　　　　　（采样层）

图 2-5　卷积神经网络的基本结构

循环神经网络

与卷积神经网络不同，循环神经网络是一种时序性神经网络，可以捕捉时间序列数据中的特征，让时间上相邻的输入信息相互影响，从而捕捉序列数据中的联系，以实现长期依赖的学习。卷积神经网络擅长处理图像数据，而循环神经网络则擅长处理复杂的序列数据，如与自然语言处理、语音识别等任务相关的序列数据。循环神经网络的基本结构如图 2-6 所示。其中，X 是输入层向量，S 是隐藏层向量，O 是输出层向量，U 是输入层到隐藏层的参数矩阵，V 是隐藏层到输出层的参数矩阵，W 是每个时间步之间的权重矩阵。输出层向量 O 不仅与每一时刻的输入层向量 X 相关，还与上一时刻的隐藏层向量 S 相关。

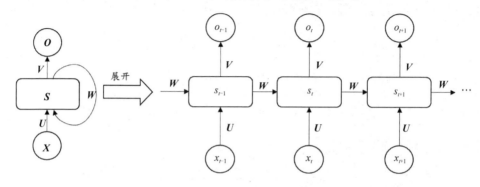

图 2-6　循环神经网络的基本结构

如图 2-6 所示，循环神经网络在处理序列数据时，采用迭代的方式，将每个时间步的输入数据和上一个时间步的状态作为网络的输入，计算得到当前时间步的输出和状态。当前时间步的状态会作为下一个时间步的输入，以此类推，直到处理完整个序列。如果以 f、g 为激活函数，上述过程就可以用公式表示为：$s_t = f(Ws_{t-1} + Ux_t)$，$o_t = g(Vs_t)$。显而易见，循环神经网络之所以能够处理序列问题，是因为它能够记住每一时刻的信息。每一时刻隐藏层的状态不仅由该时刻的输入层决定，还由上一时刻的隐藏层决定。通过这样的处理方式，可以建立序列数据之间的依赖关系，使网络可以对历史信息进行记忆和处理。

早期循环神经网络虽然有记忆能力，但在遇到比较长的序列数据时就无法应对了。如果要处理一个长句子，则循环神经网络在处理到句子末尾时，已经记不住句子开头的内容了。而且，随着循环神经网络层数的增加，还会面临梯度爆炸和梯度消失的问题。所谓梯度爆炸，是指随着神经网络层数的增加，梯度更新将以指数形式增加并趋于无穷大。梯度消失则相反，即随着神经网络层数的增加，梯度更新将以指数形式衰减并趋于零。1997 年，还在读硕士的德国人塞普·霍赫赖特和他的老师于尔根·施密德胡伯提出长短期记忆（Long Short-Term Memory，LSTM）网络模型，有效解决了早期循环神经网络存在的问题，让循环神经网络变得更加有效和可用。

LSTM 是一种较为复杂的循环神经网络。它结合了短期记忆与长期记忆的优点，具有记忆长度可调的特性。LSTM 网络可以记录长期时间依赖性，尤其是识别长期时间依赖性和控制短期时间依赖性的情况。LSTM 网络的每个单元都包含一个有限的记忆单元，可以记录额外的信息，并根据这些信息进行不同的重点权衡来调节输入和输出。LSTM 网络的核心特征是使用了门结构，从而能够控制输入输出信息和记忆信息的多少。门结构包括输入门、遗忘门、输出门，通过它们来控制信息传输的大小和方向。输入门可以控制新信息的输入，遗忘门可以控制历史信息的遗忘，而输出门可以控制新的记忆信息输出到其他单元，从而保持LSTM 网络的内部状态。另外，LSTM 网络通过记忆细胞（Cell）来实现记忆功能，在网络层次加深时仍能够记忆前后层的网络信息。LSTM 网络的基本结构如图 2-7 所示。

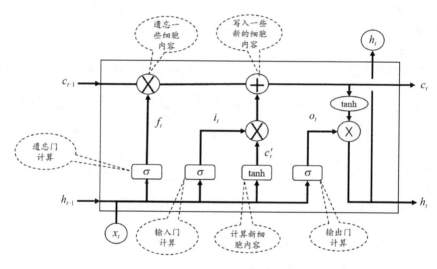

图 2-7　LSTM 网络的基本结构

基于图 2-7，我们能够简要了解 LSTM 网络运行的基本原理。首先，通过遗忘门激活函数 σ 计算出 f_t（与神经网络常见的计算没有什么不同，即 $\sigma(\boldsymbol{W}_f x_t + \boldsymbol{U}_f h_{t-1} + \boldsymbol{b}_f)$，$\boldsymbol{W}_f$ 和 $\boldsymbol{U}_f$ 为权重矩阵，$\boldsymbol{b}_f$ 为偏置向量），通过输入门激活函数 σ 计算出 i_t（与 f_t 类似），通过输出门激活函数 σ 计算出 o_t（与 f_t 类似）。进一步，可以计算出记忆细胞更新后的内容 c_t：上一个记忆细胞的值 c_{t-1} 与 f_t 的哈达玛乘积（对应矩阵元素相乘的一种矩阵计算）再加上 i_t 和 c_t'（$\tanh(\boldsymbol{W}_c x_t + \boldsymbol{U}_c h_{t-1} + \boldsymbol{b}_c)$，其中 $\tanh$

函数为激活函数）的哈达玛乘积。最后，输出向量（也称隐藏状态向量）也能非常容易地计算得出，即 o_t 和 $\tanh(c_t)$ 的哈达玛乘积。通过上述计算过程，LSTM 网络的每一时间步都能兼顾短期记忆和长期记忆。

正是由于 LSTM 网络结合了短期记忆和长期记忆，因此其在处理时序数据任务时具有明显的优势，如语音识别、文本分析、机器翻译、机器人控制等，尤其在自然语言处理和语音识别领域发挥了巨大的作用。2017 年，谷歌公司在 LSTM 网络的基础上，进一步引入注意力机制，发展出 Transformer 神经网络模型。而当前引爆全球的 GPT 系列模型则是 Transformer 的进一步发展。从这个意义上说，LSTM 网络的发明是深度学习发展史上的一个重要里程碑。

卷积神经网络、循环神经网络和 LSTM 网络是早期神经网络向深度学习发展过程中的关键进化。在计算机计算能力不足的时候，它们的深度难以突破，最终表现出来的性能也有限。随着新的 GPU 芯片技术、云计算技术的出现，计算机系统可以计算更加复杂的算法模型，真正属于深度学习的时代到来了。在深度学习概念提出后，更加复杂、隐藏层更多的卷积神经网络和循环神经网络不断出现，并不断创造出新的奇迹。

4. 一些重要的深度学习算法模型

在深度学习体系中，有许多不同的算法模型可以用来构建神经网络，除了发展较早的卷积神经网络和循环神经网络，后来还发展出深度信念网络、生成对抗网络、深度强化学习等算法模型。

📋 深度信念网络

深度信念网络（Deep Belief Network，DBN）是由多伦多大学的杰弗里·辛顿等人在 2006 年提出的算法模型。它的发明为深度学习的发展开辟了新的道路，也为自然语言处理、计算机视觉等领域的大规模数据处理提供了新的思路和方法。它不仅能识别特征、分类数据，还能生成数据，是一个典型的深度学习生成模型。

作为一种无监督学习的深度神经网络模型，深度信念网络不仅可以自动学习数据的特征表示，还具有很好的数据建模能力。它由多个受限玻尔兹曼机（Restricted Boltzmann Machine，RBM）组成，其中每个 RBM 的隐藏层同时作为下一个 RBM 的可见层，通过这样的方式进行层层叠加，形成一个深度神经网络。在训练过程中，深度信念网络首先通过贪心逐层预训练算法进行逐层无监督预训练，然后使用有监督学习方法进行微调，最终得到一个可以用于分类、降噪等任务的模型。

RBM 是一种基于能量模型的随机生成模型，由一层可见层和一层隐藏层组成，其模型参数由权重和偏置组成。其中，可见层包含输入数据，隐藏层用于提取数据的高阶特征。可见层和隐藏层之间的连接权值是随机初始化的，可以通过学习得到。在训练过程中，RBM 的目标是通过最大化训练数据的对数似然函数来学习模型参数，从而能够学习到数据的特征表示。具体来说，训练过程包括两个步骤：抽样和更新参数。抽样过程通过 Gibbs 采样算法来从当前状态生成新的样本，更新参数则通过梯度下降算法来最大化对数似然函数，从而调整模型参数。

深度信念网络的学习过程通常分为两个阶段：预训练和微调。预训练是指对每一层 RBM 进行无监督学习，通过反向传播算法来更新权重参数的过程。预训练的目的是逐层提取数据的高阶特征，并且避免梯度消失问题。微调是指对整个深度信念网络进行有监督学习，通过反向传播算法来更新权重参数，使整个网络对于特定的任务具有更好的性能的过程。

深度信念网络在处理大规模数据方面具有一定的优势。首先，深度信念网络可以通过无监督学习来自动学习数据的特征表示，不需要手动提取特征。其次，深度信念网络可以通过分层表示来处理高维数据，避免了传统方法在处理高维数据时的问题。最后，深度信念网络可以通过微调来提高其性能，并且可以在多个任务之间共享特征表示。

深度信念网络的应用范围非常广泛，在自然语言处理、计算机视觉和语音识别等领域都取得了很好的效果。其中，深度信念网络在自然语言处理中的应用主要是对文本进行建模和特征提取。通过对大规模文本数据的学习，深度信念网络可以自动学习到语言的语义和语法规律，并且可以将其应用于文本分类、文本生成等任务。

早期深度信念网络存在一些缺点，如：训练过程比较耗时，需要大量的计算资源；结构比较复杂，不太容易解释其内部的工作机制。后来发展出一些深度信念模型的改进模型，如卷积深度信念网络。

📋 生成对抗网络

生成对抗网络（Generative Adversarial Network，GAN）最早由加拿大计算机科学家伊恩·古德费洛（Ian Goodfellow）在 2014 年提出，是一种基于博弈论思想的深度学习算法。生成对抗网络包含一个生成器（Generator）和一个判别器（Discriminator），通过两个神经网络相互博弈的方式进行训练，从而生成逼真的图像、音频等数据。生成对抗网络在自然语言处理、计算机视觉等领域具有广阔的应用前景。

生成对抗网络的基本原理是通过生成器和判别器两个神经网络相互博弈，不断优化网络参数，使生成器生成的样本逼真度逐渐提高，同时判别器能够更好地区分真实数据和假数据。具体来说，生成器的目标是生成逼真的假数据，而判别器的目标则是尽可能区分真实数据和假数据。

生成对抗网络的训练过程包括以下步骤。

第一步，初始化生成器和判别器的权重参数。

第二步，将真实数据和生成器生成的假数据输入判别器，并计算它们的损失。真实数据的损失包括真实数据被判别为真的损失和假数据被判别为假的损失，而生成器生成的假数据被判别为真的损失则是生成器的损失。判别器的目标是最小化真实数据的损失，而生成器的目标是最小化生成器的损失。

第三步，通过反向传播算法更新生成器和判别器的权重参数。

第四步，重复前面的两个训练步骤，直到生成器生成的假数据能够欺骗判别器，判别器无法将真实数据和假数据区分开来。

生成对抗网络的优点是：可以生成逼真的图像、音频等数据，并且可以生成多样化的数据，具有一定的创造性；可以通过无监督学习的方式进行训练，不需要标注数据，降低了数据标注的成本。正是由于这些优点，生成对抗网络才能够广泛应用于图像修复、图像合成等领域。

不过，生成对抗网络也存在一些不足，如：训练过程不太稳定，生成器和判别器的平衡很难控制，有时会出现生成器崩溃或判别器崩溃的情况；训练需要较长的时间，而且耗费大量的计算资源；生成结果受到训练数据的限制，如果训练数据不够多或不够多样化，那生成器生成的数据可能会出现一些问题，如缺乏细节或不够多样化；生成的数据可解释性比较差，无法理解生成器是如何生成数据的。

针对生成对抗网络的不足，近年来发展出一些改进算法，如：深度卷积生成对抗网络，使用卷积神经网络提升生成器和判别器的效果；条件生成对抗网络，在生成对抗网络的基础上增加了一个条件向量，可以控制生成器生成的样本属性；基于变分自编码器的生成对抗网络，将自编码器与生成对抗网络相结合，可以生成具有可解释性的样本。

深度强化学习

深度强化学习（Deep Reinforcement Learning，DRL）是深度学习的一个分支，它结合了深度学习和强化学习的技术。深度学习是一种基于多层次人工神经网络的机器学习技术，具有很强的感知能力；而强化学习则是一种通过探索和试错来做出决策的技术。深度强化学习将这两种技术结合起来，因而具有感知能力和决策能力，能够用来解决各种复杂的决策问题。深度强化学习在多种场景中都有应用，如机器人控制、视频游戏、自然语言处理、计算机视觉等。阿尔法狗、阿尔法零等著名的人工智能程序都用到深度强化学习技术进行训练。

在深度强化学习中，主要的任务是让一个智能体（Agent）从环境中学习如何做出正确的决策。这个智能体会先接收环境中的信息（如视觉图像或传感器数据），然后基于这些信息做出一个动作，同时也会得到环境的反馈（如奖励或惩罚）。智能体的目标是在长期的时间尺度上最大化它所获得的总奖励。

深度强化学习的核心技术是深度神经网络（如卷积神经网络、循环神经网络等）。这种神经网络可以学习从环境状态到动作的映射，也就是从输入到输出的函数。为了让神经网络学习到最优的映射函数，深度强化学习使用了一种叫作策略梯度的技术。策略梯度可以通过计算动作对应的梯度来更新神经网络中的参数，使智能体的策略越来越接近最优策略。深度强化学习中还有一种重要的技术，叫作经验回放。经验回放是一种训练神经网络的方法，可以将之前的经验（包括状态、动作和奖励）保存下来，在后续的训练中反复使用这些经验。这样做的好处是可以让神经网络更有效地利用已有的经验，从而更快地学习到最优策略。

深度强化学习在很多领域都得到了广泛的应用。其中一个比较典型的例子就是玩游戏。深度强化学习可以让智能体通过观察游戏画面来学习如何玩游戏，并最终达到超越人类的水平。另外，深度强化学习还可以用于自动驾驶、机器人控制、语音识别等领域。

最近火热的 ChatGPT 模型，在模型训练中使用了一种叫作基于人类反馈的强化学习（RLHF）技术，它实质上就是深度强化学习的特殊变体。RLHF 模型使用人类反馈作为补充，使智能体（大语言模型等人工智能程序）能够更快地学习到良好的策略。与传统的强化学习不同，RLHF 的奖励信号来自人类，因此其更容易被应用于那些难以通过数学形式化描述奖励函数的任务中。结合人类反馈与强化学习对大语言模型进行微调，能够降低大语言模型的安全风险，并确保输出的内容与人类价值观对齐。

深度强化学习还存在一些挑战和限制。首先，深度强化学习需要大量的数据和计算资源来训练神经网络，因此在实际应用中可能面临数据不足和计算资源受限的问题。其次，深度强化学习的训练过程可能非常耗时和复杂，需要对算法进行不断的优化和调整才能达到最优效果。最后，深度强化学习还存在稳定性和可解释性差的问题，使其应用于某些关键领域仍存在一定的风险和限制。

5. 阿尔法狗的价值及其进化

在 ChatGPT 之前全球最有影响力的人工智能程序应该就是阿尔法狗，它以一己之力让很多人都认识到了深度学习的能力，掀起了持续至今的人工智能应用巨浪。

阿尔法狗横空出世

如果没有阿尔法狗（AlphaGo），深度学习可能只是少部分专业学者才会讨论的话题。但有了它，世界开始变得不一样了，人们在茶余饭后有了新的聊天话题。2016 年，以深度学习为关键技术的阿尔法狗战胜世界围棋冠军李世石，2017 年再次战胜世界围棋排名第一人柯洁。阿尔法狗以戏剧化营销事件的方式，让大众认识到了深度学习的能力，深度学习由此进入大规模商业普及阶段。

阿尔法狗的运行原理如图 2-8 所示。阿尔法狗主要使用三种技术：卷积神经网络、强化学习和蒙特卡罗树搜索。它先以卷积神经网络技术建立一个策略网络，将棋盘上的局势作为输入信息，并对所有可行的落子位置生成一个概率分布。再训练出一个价值网络对自我对弈进行预测，以-1（对手的绝对胜利）到 1（阿尔法狗的绝对胜利）的标准，预测所有可行落子位置的结果。策略网络和价值网络合作来选择一步有前途的棋，抛弃没有价值的差棋，从而控制计算量在计算机可完成的范围内。价值网络负责降低搜索的深度，程序会一边推算一边判断局面，当局面明显处于劣势的时候，就直接抛弃某些路线。策略网络负责缩小搜索的宽度，抛弃明显不该走的棋步，比如送子。蒙特卡罗树搜索是一个基于概率的框架，将策略网络和价值网络整合到其中，通过反复模拟和采样对局过程来探索状态空间。在随机探索的过程中，结合深度强化学习，"自学"式地调整估值函数。最后，选择胜率最高的棋步。简单来说，蒙特卡罗树搜索用来快速评估棋面的位置价值，实现最优决策。

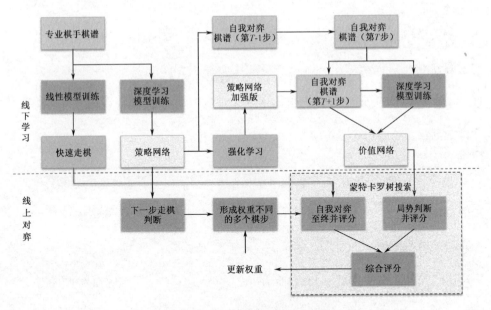

图 2-8　阿尔法狗的运行原理

阿尔法狗也是一个里程碑，标志着以深度学习技术为核心的弱人工智能已经能够实用化，在现实中能够解决一些实际问题。此后几年，弱人工智能应用产品得到大规模普及，如人脸识别、语音识别、智能家居、智能音箱、机器翻译等。

向自主学习进化

2017 年以后，开发出阿尔法狗的 DeepMind 公司（谷歌在 2014 年收购的人工智能技术公司）进一步升级技术，开发出技术更加先进的阿尔法零（开始称为 AlphaGo Zero，后来又将其概括为 AlphaZero 算法）。

阿尔法零的算法架构主要分为两部分：深度卷积神经网络和蒙特卡罗树搜索。深度卷积神经网络用于评估棋面上每个位置的胜率和着法的价值，蒙特卡罗树搜索则用于生成着法序列和评估棋面价值。与阿尔法狗不同，阿尔法零的神经网络不使用人类棋谱，而是从随机状态开始，使用自我对弈的数据从零开始进行训练，通过最小化神经网络输出和蒙特卡罗树搜索输出之间的误差来更新神经网络参数。阿尔法零无师自通，经过三天训练就能够以 100∶0 的高战绩战胜之前曾战胜人类的阿尔法狗。

2020 年，DeepMind 公司进一步将阿尔法零算法升级为 MuZero。这个算法在功能上与阿尔法零类似，但摆脱了对游戏规则或环境动力学的知识依赖，能够自行学习环境模型并进行规划。简单比较一下阿尔法狗和它的两个后代发展：阿尔法狗不仅知道人类围棋的下棋规则，还学习了人类棋谱，最终成为围棋高手，并战胜了人类；阿尔法零知道人类围棋的下棋规则，但不看人类棋谱，通过自我对弈学会下棋，同样成为围棋高手；MuZero 更进一步，不仅不看人类棋谱，连下棋规则也不学了，自己发明围棋，并最终成为围棋高手。从效果来看，由于 MuZero 能从根本上更懂围棋的内在机理，因而其下棋的过程比其他两个早期版本更加简捷高效。

从阿尔法狗到阿尔法零，再到 MuZero 的人工智能进化过程说明，人造机器和程序有可能摆脱人类知识与意识的束缚，最终发展出具有自我意识、自主知识体系的 AGI。

顺便讲一个插曲。开发出阿尔法狗的 DeepMind 公司是 ChatGPT 开发者 OpenAI 公司的强有力竞争者，二者选择了不同的 AGI 探索路线。DeepMind 试图让人工智能程序在低成本、小模型下通过特别的算法设计实现 AGI。在 DeepMind 不断训练智能"狗"时，后来者 OpenAI 则探索通过大语言模型的庞大规模来产生涌现能力，进而在语言交互领域逼近 AGI。现在来看，在走向 AGI 的路上，大语言模型已经初步胜出。DeepMind 或其他类似的人工智能公司也一定会在该方向上有所探索，或者探索出更加有效的 AGI 实现方法。

俗话说，人生没有白走的路，每一步都算数。人工智能一路走来也没有白走的路，每一步都可以看作下一步的基石。ChatGPT 等 GPT 系列模型并不是凭空出现的，而是人类人工智能探索 67 年之后的集大成者。要深刻领悟 GPT 模型的成功，就需要认真了解人工智能和深度学习的初心、梦想与艰难曲折的历程。

6. 笼罩在深度学习头上的乌云

尽管深度学习取得了显著的进展，也在社会各个领域广泛应用，但其算法"黑箱"问题一直广受诟病，而且短期来看也是难以根本解决的顽疾。

深度学习算法之所以会存在算法"黑箱"问题，从根本上说是由它本身的特点所决定的，即它是一种没有明确规则、基于多层次神经网络的机器学习。无论哪种深度学习算法，都利用大量参数来模拟数据，最终结果都是由模型参数来决定的。没有办法从内部明确如何设定模型参数，也就不可能从根本上解决算法"黑箱"问题。包括人工智能权威专家在内，都不能明确地描述出一个深度学习算法模型内部是如何学习和做出决策的。从总体上说，算法"黑箱"表现为以下几个方面。

◇　可解释性差：算法往往没有内在的可解释性，使用者无法清楚地了解解决策的准确性和程度，也无法清晰地看出算法的内部运作原理。

✧ 数据源不可靠：算法的数据源会受到外部影响和污染，可能会导致算法本身不准确，使算法的决策失常。

✧ 欺诈风险：算法的决策过程有可能被人为恶意攻击或操纵，从而导致欺诈、误操作等问题，严重影响算法的可靠性。

大语言模型出现之后，一些研究发现百亿、千亿、万亿级的参数规模使系统表现出出乎意料的涌现能力，但为何能出现这种能力还无法找到完美的解释。而且由于大语言模型有着更加复杂的算法"黑箱"，因此要解释这种能力对人类来说也是不太可能的。以往人工智能研究者认为，采取缩小参数规模、增强可视性等方法就能提升模型的可解释性，但这些解决方法与大语言模型的"大力出奇迹"模式相互矛盾，使算法"黑箱"更加无解。

在人们欢呼深度学习带来的技术进步的同时，算法"黑箱"就像一朵乌云，一直笼罩在深度学习的头上。大语言模型不会解决这个问题，只能让这个问题更加严峻。

第三章

大语言模型

ChatGPT 及其类似应用的背后都是大语言模型（Large Language Models，LLM），这类模型的参数规模通常会达到 100 亿个以上（也有研究认为参数规模应达到 1000 亿个以上）。之所以把大语言模型从其他基于神经网络的自然语言理解模型中区别出来，是因为它具有不同于小语言模型的特性，展现出独特的涌现能力和思维链推理能力，在自然语言处理、人机互动、逻辑推理等方面呈现质的飞跃。

大语言模型从表面上看用来实现自然语言的处理，但由于人类语言中隐藏了大量不同的人对世界的认识和理解，当大语言模型的参数规模足够大、训练数据足够多、算力足够强时，最后训练出来的大语言模型在一定程度上就是人类思维世界的模拟，而不再局限于自然语言处理层面。

大语言模型之所以在近几年取得了显著的进步，不应该仅看作算法模型领域的突破，也应该归功于人类在算力和数据等方面的进步。简单来说，拥有庞大参数规模的大语言模型，不仅需要强大的算力支持，而且需要大量异构的、多模态的数据才能完成有效训练，只有这样模型才能最终展现出能力。

大语言模型并不是只有 GPT 系列，而是有着大量不同方向的探索。站在大语言模型发展全景中来看 ChatGPT，就能更加深刻地了解它脱颖而出的环境和根本原因，也能够更加深刻地体会到它独树一帜的特点。

1. 大语言模型——自然语言处理的前沿

大语言模型是自然语言处理的前沿，它不是凭空而来的，而是人类在自然语言处理方面长期探索的结果。现在来看，在深度学习与自然语言处理的相关研究合流之后，大语言模型的出现就已经不可避免。

📄 什么是自然语言处理

自人工智能概念正式出现以来，自然语言处理（Natural Language Processing，NLP）一直是人工智能研究体系中重要的细分研究方向。它的主要研究方向是让计算机系统能够理解和处理人类的自然语言（人们日常使用的语言），研制出能够有效实现自然语言通信和交互的计算机系统。具体可以细分为各种研究任务，如语音识别、机器翻译、文本分类和信息检索等。自然语言处理是典型的边缘交叉学科，涉及语言学、计算机科学、数学、认知科学、逻辑学等诸多学科。

自然语言处理可以细分为自然语言理解（Natural Language Understanding，NLU）和自然语言生成（Natural Language Generation，NLG）。自然语言理解是指

将人类的自然语言转化为计算机可以理解和处理的形式。它包括对文本或语音进行语义分析、意图识别、命名实体识别、情感分析等，以实现对语言的深层理解。自然语言生成则是将计算机生成的结构化数据或指令转化为自然语言文本或语音输出的过程。它包括生成自然语言的句子、段落或对话，来满足特定任务的要求，如自动生成新闻报道、对话系统中的回应等。

自然语言处理的发展历程

自然语言处理的发展历程大体上可以分为以下几个阶段。

早期基于规则的自然语言处理阶段（20世纪50年代到80年代末）。此阶段的自然语言处理主要围绕语音信号的处理展开，主要研究方向包括语音识别和语音合成，采取的方法是基于规则（基于语言学知识规则）进行自然语言处理。但由于自然语言过于复杂和多样，早期基于规则的自然语言处理探索结果大多不太理想。此阶段比较有代表性的研究成果出现在1964年，麻省理工学院的研究人员基于规则，用LISP语言实现了世界上首个自然语言对话程序ELIZA，它能够与人类实现简单交流。20世纪80年代中后期，反向传播算法被发明出来，神经网络复兴。神经网络开始被应用于自然语言处理任务，但也没有取得显著的成效。

基于统计的自然语言处理阶段（20世纪90年代初到2010年）。在此阶段，计算机性能大幅度提升，数据规模也在剧烈"膨胀"，基于统计的自然语言处理研究成为主流。这个阶段主要使用统计模型和机器学习方法来解决自然语言处理问题，如基于贝叶斯模型的文本分类、基于马尔可夫模型的语音识别等。这些方法可以通过大量的数据训练来学习语言规则和模式，从而在一定程度上解决自然语言处理中的问题。尽管其性能并不突出，但基于统计的自然语言处理模型仍然是当时的先进技术，被广泛应用于信息检索、语音识别、机器翻译等领域。在 21 世纪第一个十年中，随着互联网的普及和社交媒体的兴起，自然语言处理技术开始应用于舆情监控、智能客服、情感分析等新兴领域。N-gram 模型是基于统计的自然语言处理模型的典型代表，其基本思想是用字节大小为 N 的滑动窗口来操作文本内容，形成字节长度为 N 的序列，进一步统计序列出现的频率，并且按照事先设定好的阈值进行过滤，从而形成文本内容的特征向量空间。最后用训练好的模型对语句进行概率评估，来判断组成是否合理。相关研究表明，N-gram 模型在文本分类任务中的性能表现优异。另外，在此阶段，神经网络模型也被大量开发出来，如循环神经网络、递归神经网络、长短期记忆神经网络、卷积神经网络等，并被尝试性地应用于自然语言处理领域。

基于深度学习的自然语言处理阶段（2011 年至今）。在此阶段，深度学习方法成为自然语言处理的主流，循环神经网络、长短期记忆神经网络、卷积神经网络、Transformer、各种大语言模型等算法模型被陆续开发出来，并应用到自然语言处理领域，自然语言处理领域空前火热，取得了突飞猛进的发展。根据算法模型的技术特征和训练特征，此阶段可以进一步细分为三个子阶段：深度学习引入阶段、预训练模型兴起阶段、大语言模型发展阶段。其中，大语言模型发展阶段又可以看作预训练模型兴起阶段的子阶段。

深度学习引入阶段（2011—2017 年）。进入 21 世纪第二个十年，杰弗里·辛顿等人掀起的深度学习革命爆发，深度学习方法很快被引入自然语言处理领域，开发了一系列模型及其改进模型。深度学习方法避免了此前统计方法中经常会遇到的人工特征提取操作，基于神经网络学习能够自动发现目标任务的有效表示，使相关模型的运行效率和性能得到大幅度提升。在此阶段，谷歌公司非常活跃，先后发布了一系列模型，引领了基于深度学习的自然语言处理模型的发展。2013 年，谷歌公司发布的 Word2Vec 模型是一个重要的里程碑。它把自然语言的词语映射到向量空间，从而实现了自然语言的语义表示，打开了自然语言处理的新局面。2015 年，谷歌公司发布了用于自然语言处理的深度学习框架 TensorFlow。这一框架加速了基于深度学习的自然语言处理技术的广泛应用。2016 年，谷歌公司发布了基于多层递归神经网络、长短期记忆神经网络技术的深度神经网络机器翻译系统 GNMT，在翻译质量提升方面取得了显著的成效。2017 年，谷歌公司发布了 Transformer 模型，开启了自然语言处理的新里程碑，此后的自然语言处理模型发展基本上都以它为基础。

预训练模型兴起阶段（2018—2019 年）。2018 年，彼得斯等人提出了 ELMo 模型。虽然该模型仍然以长短期记忆神经网络为基础，而不是后来流行的 Transformer，但其中尝试性提出的预训练+微调的训练模式开启了全新时代。在 ELMo 模型中，首先预训练双向长短期记忆神经网络，然后根据特定的下游任务来微调网络，从而捕捉到上下文感知的单词表示。此后，谷歌公司以 Transformer 为基础提出 BERT 模型，OpenAI 公司提出 GPT-1 和 GPT-2，以及大量 BERT 模型的衍生模型等，虽然模型结构各不相同，但都采用预训练+微调的训练模式来训练模型，开启了预训练模型的时代。其中，通过预训练来获取通用语义特征，而微调则主要用来适应不同的下游任务需要。现在，几乎所有的大语言模型都遵循这一学习范式。

大语言模型发展阶段（2020 年至今）。2020 年，OpenAI 公司的研究者提出了预训练模型的缩放定律。研究者发现，缩放模型的参数规模或训练数据规模，即缩放模型大小，通常会影响下游任务的模型容量。而且，更深入地研究发现，更大规模的预训练模型通常会表现出小语言模型根本不会拥有的能力（涌现能力），尤其是参数规模达到 100 亿个以上的模型。另外，与小语言模型不同，人们通常只能通过提示界面来访问大语言模型。正是因为规模不同的模型之间存在显著的不同，大语言模型才成为一个专门的术语，以强调其独特性。现在，发展大语言模型已经成为自然语言处理领域的基本共识，并以此引领自然语言处理的进一步发展。需要注意到，即便是同一家公司开发的模型，基本架构相同，但随着模型规模不断放大，大小语言模型的性能表现也存在显著的差异。例如，OpenAI 公司开发的 GPT-3，以及之后发展的模型，才能被称为大语言模型，而 GPT-1、GPT-2 可以被称为预训练模型，但还不能被称为大语言模型。

大语言模型将彻底改变人类开发和使用人工智能算法的方式。与小型预训练模型不同，访问大语言模型的主要方法是通过提示界面（如 GPT-4 API）。人类必须理解大语言模型如何工作，并以大语言模型可以遵循的方式格式化它的任务。另外，大语言模型的发展不再明确区分研究和工程。大语言模型的培训需要在大规模数据处理和分发方面的丰富实践经验。

从 20 世纪 50 年代的早期萌芽，经历六七十年的漫长探索，到最终发展出大语言模型，让计算机理解和处理人类自然语言的理想终于到达最接近完全实现的时刻。而在这一时刻，人们慢慢发现，计算机不仅理解了人类的自然语言，而且通过人类的自然语言理解了人类生活的世界。这将导致什么样的结果？人类该如何应对？这些问题将在未来几年缠绕在我们的生活中。

📖 大语言模型——超越自然语言处理

人们最初发展自然语言处理，只是希望计算机能够理解人们说的话，能够代替人们完成一些具体化的任务，如机器翻译、语音识别、人机交互、文本分类、信息检索等。而大语言模型的发展带来的能力跃升远远不止这些，从理解能力到生成能力，这是一种质的变化。在理解能力的展现过程中，计算机往往是被动的，人对实现的过程具有强大的控制力。生成能力则不同，它是一种主动性能力，能让机器表现出一种类人的意识和思考能力。尽管人们都知道生成性大语言模型的本质仅是预测下一个词语，但其表现出的综合性能并不能用简单的逻辑来解释。

简单来说，尽管大语言模型以自然语言处理为出发点，但最终表现出来的结果显而易见超越了自然语言处理的范畴。或许我们可以理解为，大语言模型在海量数据学习中不仅学习了词语、语义和语言规则，而且学习了人类世界运行的元素和规则。人类世界的运行以语言为基本媒介，不论这些语言是存在于网络、书本、代码中，还是存在于视频中，其实质都是对人类世界运行的描述。当大语言模型学习的数据规模足够大、模型参数规模足够大时，事实上就把整个世界运行的元素和规则承载其中，我们所看到的语言输出只是大语言模型在理解世界基础上的价值呈现方式之一。大量研究已经表明，大语言模型的能力具有很强的通用性，而不是局限于某方面（如文本输出）的具体能力，这就使它能够嵌入我们人类世界各行各业的各个角落，为人类社会赋能。

大语言模型不仅影响到自然语言处理领域的未来发展，还影响到整个人工智能领域的未来发展。原来分隔开的语音识别、图文识别、机器翻译、人机交互等人工智能细分领域可能会被大语言模型重新整合，成为一个统一的研究方向，如多模态内容识别和生成。

大语言模型也在掀起全新的创新浪潮，具体表现在三个方面：第一，基于大语言模型的产品和服务将被大量创造出来，形成以大语言模型为中心的生态；第二，原来与语言或多模态内容相关的应用系统将被重新改写，以实现模型兼容；第三，大语言模型本身是强算力、大数据和超级算法融合的结果，大语言模型的繁荣将促使其自身产业链的上下游重新调整，从而带来大量的创新机会，如新型智能芯片的开发、海量训练数据交易与处理平台等。

2. 算力爆炸

算力爆炸有两层含义：一方面是从需求角度来形象说明大语言模型需要大量的算力资源支撑；另一方面从供给角度来形象说明近年来全球总体算力资源超越摩尔定律速度的迅猛增长。各种大语言模型的训练和运行都需要大量的算力资源，这种算力资源需求通常是刚性的，没有讨价还价的空间。在 ChatGPT 引发的大语言模型狂热之下，未来必然会有越来越多的大语言模型投入训练，所需要的算力资源将呈爆发式增长。近十年全球总体算力资源的爆发式增长，毫无疑问迎合了人工智能各领域的发展需求，使 ChatGPT 或其他类似模型的成功训练成为可能。

不同类型的算力

算力即计算机的处理能力，通常用计算机系统能够完成的计算任务量衡量。从构成来看，算力一般包括基础算力、智能算力和超级算力，分别与三种计算方式对应：基础计算、智能计算和超级计算。在中国信息通信研究院发布的《中国算力发展指数白皮书（2022 年）》中，将基础算力定义为基于 CPU（中央处理器）芯片的服务器提供的计算能力，将智能算力定义为基于 GPU（图形处理器）、FPGA（可编程门阵列）、ASIC（专用集成电路）等加速芯片的人工智能服务器提供人工智能训练和推理的计算能力，将超级计算定义为基于超级计算机等高性能计算集群提供的计算能力。三种不同类型的算力应用于不同的场景中，共同组成了算力体系。

全球算力爆炸

近二十年，全球总体算力资源一直处于高速增长中，呈现出爆发式增长的态势，这是芯片技术、相关硬件技术、软件编程技术和云计算技术不断成熟发展的综合结果。芯片技术在飞速发展，不仅有 CPU 芯片，还发展出大量高性能的 GPU 等面向人工智能的专用芯片。每一块芯片都能够完成更多的工作，而且功耗不断降低。硬盘、内存等相关硬件技术的性能也取得了显著的进步，这些都有助于提升算力。而开发出的大量性能更优的软件编程技术，也使计算机运行更快、算力更强。云计算技术创新了算力资源的利用方式，使大规模算力资源能够按需利用，进一步提升了算力资源的利用效率。

根据中国信息通信研究院发布的《中国算力发展指数白皮书（2022 年）》，2021 年全球算力规模达到 615EFlops，增速为 44%，预计 2030 年全球算力规模将达到 56ZFlops。其中，智能算力增长最快，预计平均年增速将超过 80%。截至 2022 年年底，中国算力规模达到 180EFlops，全球排名第二，近五年平均年增速超过 25%。

📑 大语言模型与算力爆炸

2017 年，人工智能程序阿尔法狗轰动全球，被认为是暴力计算的胜利。而近年来大语言模型的训练成功与全球算力发展间存在紧密的联系，ChatGPT 的成功就被认为是"大力出奇迹"的结果。大语言模型大量发布，其规模和复杂性不断创出新高，所需要的算力资源显然也会呈爆发式增长。全球算力爆炸有力地迎合了大语言模型带来的需求面算力爆炸，使大语言模型发展成为可能。但需求面的算力爆炸是每个大语言模型的开发者必须面对的问题。

需求面的算力爆炸对大语言模型的发展来说是双重挑战。一方面，模型规模的扩大和复杂性的提高是推动模型性能提升与应用场景拓展的必要条件。在自然语言处理领域，大语言模型可以通过学习海量的语言数据和知识来提高自然语言理解与生成能力，进而支持机器翻译、文本摘要、对话生成等各种实际应用。但是，随着模型规模的扩大，算力资源和时间成本的需求也呈现出指数级别的增长，使大语言模型的训练和推理变得极其困难与昂贵。另一方面，随着模型规模的扩大，模型的能耗不断增加，其对环境的影响也不断增强。大语言模型需要消耗大量的电能和算力资源，导致能源浪费和环境污染等问题。

需求面的算力爆炸对大语言模型影响巨大，大语言模型的开发者需要在算法和技术上不断寻求平衡与创新。虽然大语言模型有着广阔的应用前景，但是在实践中需要兼顾算力资源、时间成本和环境影响等因素，以确保模型的可持续性和实际应用价值。

3. 海量数据

📑 大语言模型需要海量数据

除了算力，大语言模型还离不开海量数据的支持，以完成训练、微调和优化。

大语言模型需要海量数据的原因可以归纳为以下几个方面：大语言模型需要从海量的文本语料库中自动学习语言的规律和模式，只有这样才能更加准确地分析和处理自然语言；为大语言模型训练提供越发多样、越高质量和越大规模的语料数据，越有可能提升模型的最终性能；大语言模型需要强大的泛化能力，只有这样才能更好地适应不同的应用场景，而泛化能力的获得与海量数据训练间存在紧密的联系，训练数据涉及的领域和场景越多，模型的泛化能力越强；基于海量数据训练大语言模型，能够让模型学习到不同噪声和干扰情况下的语言特征，从而提高模型的健壮性（能够识别与适应一定噪声和干扰的能力）；大语言模型训练的数据量越大，最终生成的内容越准确、自然和流畅。

📋 数据收集与预处理

大语言模型需要利用海量数据进行训练，语料数据的来源包括互联网爬虫数据、图书数据、社交网络数据、维基百科数据、新闻数据、代码数据等，其中互联网爬虫数据往往是规模最大的组成部分。互联网爬虫数据并不是要大语言模型的开发者自己去互联网中爬取收集，而是通常会使用一个名为 CommonCrawl 的开源互联网爬虫数据库，其中包括 PB 级的数据。大语言模型训练用的图书数据往往来自开放的在线图书数据库，其中包括大量的小说、散文、诗歌、戏剧、历史、科学、哲学等各种类型的图书。社交网络数据通常来自名为 Reddit 的网站。这个网站是一个社交新闻网站，包括科技、政治、娱乐、音乐、美食等主题，用户可以提交自己的内容并与其他用户进行讨论和投票。维基百科自不用说，是一部用多种语言编写而成的"网络百科全书"。新闻数据则往往来自开源爬虫数据网站 CommonCrawl 的新闻专题数据库。代码数据则主要来源于互联网中已有的开源代码库。另外，大语言模型训练数据中还有一些其他来源的数据，如开放的科学论文数据（如 arXiv）等。在大语言模型训练时，这些语料数据会混合在一起，而不是孤立利用一个个单独的数据集。

由于语料数据来源于互联网中的数据，尤其是互联网爬虫数据，往往质量不高，而且存在大量重复甚至有害的内容，因此大语言模型的开发者必须对获取的数据进行必要的预处理。数据预处理即对收集来的数据进行质量过滤、重复数据删除、隐私编辑和分词等，确保语料数据能够满足大语言模型训练的需要。

质量过滤就是利用分类器方法或启发式方法删除低质量的数据。分类器方法是采用文本训练选择分类器，识别和过滤低质量的数据。启发式方法与分类器方法不同，它通过一套精心设计的规则（如基于语言、基于统计或基于关键字）来删除低质量的数据。

重复数据会降低模型的多样性，导致模型的泛化能力不足，因此重复数据删除也是大语言模型数据预处理的重要工作。重复数据删除通常会在不同粒度层次上进行，如数据集层次、文档层次和句子层次。另外，为了避免数据集被污染，防止训练数据集与评估数据集之间的数据重叠也是非常重要的，通常会删除训练数据集中的重复数据。

多数预训练数据都来源于互联网，因而可能包含用户生成的隐私数据。如果不对这些数据进行处理，则可能增加个人隐私泄露的风险，这意味着隐私编辑非常重要。在训练大语言模型之前，通常会从训练数据库中删除可识别的个人隐私信息。隐私编辑通常基于规则，如基于姓名、电话、地址等关键字。

分词也是大语言模型数据预处理的关键步骤，主要任务是把原始文本分割成单个词语的序列，这些序列随后被用作大语言模型的输入。分词的难点在于保障其合理性，使所有词语都有正确的语义，并且没有遗漏。目前，在大语言模型预处理数据的过程中，通常会使用专门为不同领域、不同语言、不同风格预训练数据库设计的分词器。

📑 数据隐私、数据安全和数据偏差

大语言模型在收集、存储、分析和利用数据的过程中，面临着数据的隐私、安全和偏差问题。

数据隐私（保护）是指避免个人数据和企业商业机密等敏感信息被泄露、篡改或滥用的保障措施。大语言模型在收集和利用数据的过程中，需要采用技术方法和管理方法，如数据加密、联邦计算、限制数据访问权限、避免收集敏感数据、规范数据治理机制等，加强隐私数据保护。

数据安全（保护）是指避免数据出现任何损失或遭到非法攻击的保障措施。在大语言模型被广泛应用的背景下，数据安全问题更加凸显。在大语言模型的训练和使用中，需要开发者和使用者采用必要的数据安全技术与管理措施来确保数据安全，如数据加密、数据备份、限制数据访问权限等。

数据偏差是指在大语言模型预测过程中有错误或不完整的情况。数据偏差可能导致模型的性能下降或精度不准确。数据偏差的根本原因在于数据的获取和筛选可能存在问题。因此，大语言模型的开发者需要合理筛选数据，包括使用多个数据源、处理不准确的数据等，也可以通过设计大语言模型训练中的数据集使用策略来避免数据偏差。

4. 典型大语言模型

由于 ChatGPT 过于轰动，因此很多人一谈到大语言模型，就会指向 OpenAI

公司开发的 GPT 系列。事实上，近两年来全世界范围内公开发布了几十个各具特色、具有不同技术架构的大语言模型，这些大语言模型的整体性可能稍逊于 GPT 系列，但在文本生成、人机交互、机器翻译、代码生成等具体应用方面的表现，与 GPT 系列并没有不可逾越的差别。GPT 系列大语言模型会在第四章重点介绍，本节重点介绍几个由其他公司开发、同样影响巨大、非 GPT 系列的典型大语言模型，便于大众能够更加全面地了解大语言模型。

LLaMA

Meta 公司以前的名称是脸书（Facebook），世界著名的社交互联网巨头，改名的主要原因是宣示其推进元宇宙战略的决心。不过，舆论普遍认为 Meta 公司的元宇宙战略并不成功。在 Meta 公司走弯路的时候，OpenAI 公司则凭借对大语言模型的专注而强势崛起。Meta 公司转身进入大语言模型领域显然慢了半拍，但其雄厚的技术实力使其并未落后很远。

2023 年 2 月，Meta 公司发布大语言模型 LLaMA（Large Language Model Meta AI，字面意思是 Meta AI 的大语言模型）。LLaMA 不是一个模型，而是包括 70 亿个、130 亿个、330 亿个和 650 亿个四种参数规模的大语言模型集合。其参数规模显然小于包括 1750 亿个参数的 GPT-3、GPT-3.5、ChatGPT，更是远小于 GPT-4 的参数规模。但 LLaMA 的开发者宣称其 130 亿个参数规模的子模型性能超过了 GPT-3，而参数规模达到 650 亿个的子模型性能则可以与 PaLM、Chinchilla 等模型抗衡。如果真是如此，那么大语言模型领域的缩放定律就失去了意义。既然参数规模更小的模型性能更优，那么扩大参数规模就失去了价值。不过，LLaMA 的开发者强调，他们把主要注意力放在扩大训练数据规模上，而不是放在扩大参数规模上，这样有利于降低模型的训练成本。训练数据规模不断扩大，参数规模较小，而性能提升的情形，严格来说也不违反缩放定律。由于参数规模较小，因此 LLaMA 对底层算力的需求也就相对较少。

与其他大语言模型相似，LLaMA 也使用了 Transformer 架构。训练数据源包括 CommonCrawl 中的爬虫数据、GitHub 开源代码库、维基百科、图书、arXiv 网站上的科学论文、Stack Exchange 网站上的问题和答案等，参数规模为 70 亿个的较小模型接受了 1 万亿个词语（Token，大语言模型的训练词语通常用"Token"来表达，而不是自然语言所说的"词语"）的训练，其他模型则接受了 1.4 万亿个词语（Token）的训练。LLaMA 的基本逻辑与其他大语言模型并无二致，就是将一系列词语作为输入并预测下一个词语，以自回归的方式生成最终文本。在训练方式方面，LLaMA 与其他大语言模型也没什么区别，都是采用预训练+微调的技术。在应用方面，LLaMA 与其他大语言模型基本相同，能够生成文本、人机对话、文献摘要分析、证明数学定理或预测蛋白质结构等。

LLaMA 目前是开源的，参数规模最小的版本可以在 GitHub 开源代码库中下载。之所以选择开源，一些文章认为是由训练代码本身的泄密导致的。但无论如何，它为更多的研究者投身到大语言模型开发领域提供了较为高端的基础资源，使后来者不用从头做起。LLaMA 也可以作为大语言模型在行业垂直落地的基础，行业应用者只要结合行业数据和任务进行一些微调就可以使用。

Meta 公司把 LLaMA 模型称为基础模型，意图以这一模型集合为基础，开发出更加高端的大语言模型。该模型存在输出幻觉内容、错误内容、社会偏见等问题，这也是未来要重点改进的方向。

PaLM2

在 OpenAI 公司崛起之前，谷歌公司一直是人工智能领域的领军者。此前轰动世界的人工智能程序阿尔法狗就是其旗下公司开发出来的。PaLM（Pathways Language Model，路径语言模型）是谷歌公司发布的多个大语言模型中的一个。2022 年 4 月，该模型的第一个版本发布，参数规模达到 5400 亿个，核心架构也是以 Transformer 为基础。2023 年 5 月，谷歌公司发布了更为先进的 PaLM2，其参数规模不是变得更大了，而是更小的 3300 亿个，但性能表现更加优异，说明谷歌公司的相关技术取得了非常大的进步。PaLM 在高质量语料库上进行了预训练，接受了包含各种自然语言任务和用例的 7800 亿个词语（Token）的训练，数据源包括互联网爬虫数据、图书数据、社交网络数据、维基百科数据、新闻数据、代码数据等。PaLM2 则将训练数据量增加到第一代的五倍，训练了 3.6 万亿个词语（Token）。

PaLM 能够执行的任务与其他大语言模型差不多，包括常识推理、数据计算、文本和代码生成、机器翻译等。PaLM2 则能够执行更高级的编码、数学和文本生成任务。从总体上讲，PaLM 系列模型在多步逻辑推理方面的性能表现优异。谷歌公司基于 PaLM 衍生开发出多个应用模型，如：在 PaLM 模型基础上，谷歌公司与其旗下的 DeepMind 公司合作，基于医疗数据微调出 Med-PaLM 模型，应用于医疗问答领域；用视觉转化器扩展 PaLM 以创建 PaLM-E 模型，它是一种用于机器人操作的视觉语言模型。

一些研究结果显示，PaLM 2 的某些性能表现甚至超越了 GPT-4，在自然语言理解、文本生成、机器翻译等方面，它比以往的模型更加精细和多样化。

LaMDA

LaMDA（Language Model for Dialogue Applications，对话应用语言模型）也是谷歌公司开发出来的，它不是一个模型，而是一个模型家族。它在 2020 年首次发布，最早的名称是 Meena，模型规模很小，只有 26 亿个参数。第二代模型在 2021 年发布，名称变更为 LaMDA。2022 年 5 月，谷歌公司进一步发布该模型的升级版 LaMDA2。LaMDA 与 GPT 系列类似，即使用只有解码器的 Transformer 模型。规模最大的 LaMDA 模型参数达到 1370 亿个。LaMDA 模型的训练遵循预训练+微调范式，在预训练阶段使用海量的对话数据进行训练，而在微调阶段使用有监督的对话数据进行进一步训练，以适应对话任务。2023 年 2 月，为应对 ChatGPT 的崛起，谷歌公司基于 LaMDA 模型推出聊天机器人 Bard。

Claude

Claude 模型可能最有资格被称为 ChatGPT 模型的竞争者，因为它的创始团队和主要开发者都来自 OpenAI 公司。2021 年，一群从 OpenAI 公司辞职的人工智能精英创立了一家名为 Anthropic 的公司，其战略目标与 OpenAI 公司一直宣称的目标极为接近，即开发出可靠、可解释、可控制的人工智能系统。而后，Anthropic 公司开发出与 GPT 系列极其相似的大语言模型 Claude。

Claude 模型包括两个版本：一个功能强大，但成本较高；另一个速度更快，价格更优，但能力相对弱一些。Claude 模型提供两种访问方式，即 API 或聊天机器人。两个版本模型的上下文窗口都是 9000 个词语（Token，大语言模型的窗口大小通常也用"Token"来表达，而不是自然语言所说的"词语"）。

📑 Chinchilla

Chinchilla 模型是谷歌公司旗下的 DeepMind 研究团队开发的大语言模型，于 2022 年 3 月发布。与其他模型一样，Chinchilla 是基于 Transformer 模型而开发的大语言模型。该模型有 700 亿个参数，规模并不是特别大，关注的焦点是在给定算力预算的情况下，模型规模和训练数据规模之间的权衡。Chinchilla 模型的研究者认为，模型规模应该和训练数据规模一起同比例缩放。

📑 Gopher

Gopher 模型同样由谷歌公司旗下的 DeepMind 研究团队开发，它也不是一个单一模型，而是包括 6 个规模大小从 4440 万个到 2800 亿个参数的系列语言模型。其中，规模最大的模型有 2800 亿个参数，训练数据规模达到 10.5TB，训练数据源主要是 MassiveText（一个多源大规模英语文本数据集，具体数据包括网页、图书、新闻和代码等）。模型的架构同样基于 Transformer 模型，设计的基本逻辑同样是预测下一个词语，并通过自回归生成文本。但它对 Transformer 架构做了局部修改，主要有两点：使用 LayerNorm 替换 RMSNorm；使用相对位置编码而不是绝对位置编码。

📑 BLOOM

与前述模型不同，BLOOM 模型并不是由一个商业机构开发的，而是由一个名为 BigScience 的、松散的跨国开放式协作组织开发的。该模型的开发者共有 1000 多人，来自 60 多个国家和 250 多个机构。2022 年发布的 BLOOM 模型，其架构同样是基于 Transformer 解码器的改进。BLOOM 也是大语言模型，拥有 1760 亿个参数，训练数据规模达到 1.5TB，能够生成 46 种自然语言和 13 种编程语言的文本，写作能力几乎达到人类的水平。

BLOOM 模型是开源的，任何对大语言模型感兴趣的开发者都可以利用它的算法资源，并结合自身数据进一步将 BLOOM 模型微调为更加具有针对性的模型。

5. 大语言模型战胜了小语言模型？

小语言模型与大语言模型是当今机器学习领域备受关注的问题之一，它们之间的竞争是现代人工智能技术发展的重要方面。自从 ChatGPT 引起轰动以来，很多人认为大语言模型已经战胜了小语言模型，事实真的如此吗？

小语言模型通常指参数规模较小（小于 100 亿个）的模型。相对而言，大语言模型通常指参数规模较大（达到 100 亿个以上）的模型。在自然语言处理领域，模型大小与模型性能通常成正比。当模型的参数超过一定数量时，模型的预测效果将有优异表现，甚至产生涌现能力。小语言模型与大语言模型各有优点，目前在人工智能领域都有着广泛的应用，并且它们在某些场景下相互竞争。

大语言模型在某些任务和数据集上优于小语言模型。大语言模型通常拥有更多参数和更高的计算能力，能够在复杂任务中表现得更出色。例如，大型神经网络在自然语言处理、计算机视觉和语音识别等任务中的表现非常出色。大语言模型并不是完美无缺的，也存在一定的局限性：首先，大语言模型需要更多的计算资源和存储空间；其次，大语言模型的训练和调整通常需要更长的时间，这意味着更大的计算资源需求，以及更多的时间和金钱投入；最后，大语言模型具有固有的难以解释性和复杂性，这使模型的开发者也很难弄明白模型是如何做出正确决策的。

相比之下，小语言模型并非一无是处，也有许多优势。首先，小语言模型通常具有更低的延迟和更快的计算速度。这使小语言模型可以快速响应，承担一些实时性任务。小语言模型的计算速度快，因为参数较少，需要处理的数据量也更小。其次，小语言模型的存储空间相对较小，易于转移和部署模型，比较适合拥有较少资源的环境。小语言模型具有更好的灵活性和可解释性，因为模型参数相对较少，可以更容易地理解和调整。最后，小语言模型对资源的要求较低，因为其内存和磁盘空间较小。小语言模型的劣势也非常明显，如：小语言模型的预测能力存在一定的局限性，甚至会影响模型预测的准确性；小语言模型的泛化能力通常比较弱，无法有效处理复杂的任务。

小语言模型的应用场景通常是在需要快速处理大量数据的情况下，如时间序列预测和在线推荐系统。在这些应用中，小语言模型可以高效地处理数据，并且需要较少的资源。此外，小语言模型在移动设备上的应用也比较常见，因为移动设备的资源受限，只有要求较小的模型，才能在移动设备上高效运行。大语言模型通常用于图像和语音识别等领域，这些应用需要模型处理复杂的图像和语音数据，需要更多的模型参数才能达到更好的性能。在这些领域中，大语言模型可以有效处理复杂的数据模式，提高预测的准确性和泛化能力。

大语言模型和小语言模型都有自己的优势及劣势，应根据具体应用场景选择合适的模型。如果需要处理大规模的数据集或复杂的自然语言处理任务，并且有足够的计算资源和时间，那么大语言模型可能更加合适；如果需要处理较小规模的数据集或特定的自然语言处理任务，并且计算资源和时间有限，那么小语言模型可能更加合适。随着技术的不断发展，小语言模型的预测能力和泛化能力不断提升，大语言模型也在不断优化和精简，可靠性和稳定性不断提升，未来二者将在更多领域互补并发挥重要作用。因此，小语言模型和大语言模型并不是绝对的竞争关系，而是需要在不同场景下根据需求进行选择。

大语言模型和小语言模型可以通过迁移学习联系起来，把训练好的大语言模型中的能力传递给小语言模型，提升小语言模型的能力。大小语言模型也可以在多任务场景下协同学习，实现能力和效率的平衡。

大语言模型已经战胜了小语言模型吗？其实并没有，或许我们在未来某一时刻会看到大量大语言模型演化为小语言模型，以便更加方便地部署应用。过去很多新事物在最初被创造出来时都非常庞大，而后则会慢慢变得越来越灵巧，大语言模型也会如此吗？这个问题在一段时间之后或许就会得到答案。

6. 大语言模型的弊端

大语言模型的弊端主要体现在以下几个方面。

训练和推理时间长：随着模型规模的增加，训练和推理的时间也会增加。大语言模型是需要大量的计算资源和时间的，这对很多小公司或个人研究者来说，显然是无法承担的。此外，为了使大语言模型的训练效果更好，还需要很多领域的专家进行指导和标注，这也增加了大语言模型的训练成本。例如，GPT-3 模型的推理需要花费数千美元的 GPU 资源来完成。

学习偏差：大语言模型容易学习到与训练样本样式相似的模式，但在新数据上表现不佳。由于数据偏差和缺乏样本数据，模型可能出现过拟合现象。

需要大量的计算和存储资源：大语言模型需要大量的计算和存储资源，这会给资源有限的硬件环境带来压力，并导致计算能力和存储能力的限制。

数据隐私问题：在自然语言处理任务中，大语言模型需要大量的训练数据。然而，这些数据可能包含用户的敏感信息或隐私数据，这给数据隐私保护带来了挑战。若这些数据遭到泄露，可能会给个人隐私带来致命的影响。而且，当前法律法规也没有很好地规范个人信息的流通和使用，这给数据隐私保护带来了更大的不确定性。

模型的可靠性和可解释性差：随着模型规模的增加，模型的"黑盒"特性也变得更加明显。大语言模型的决策过程难以理解和解释，这给提升模型的可靠性和可解释性带来了挑战。

对环境的依赖性大：大语言模型在应用时需要运行在特定的硬件平台和软件环境中。与传统的软件模块相比，大语言模型本身更加复杂，它的训练和部署过程更加烦琐，容易对环境产生一些依赖性。

低效性和不确定性：大语言模型的训练和调整需要耗费大量的计算资源与时间，还要面临一些不可控的因素影响，如训练数据的质量和数量、网络拓扑结构等。这些因素会使大语言模型的训练和调整变得低效且具有不确定性。

为了解决这些弊端，需要采取一系列措施，提高大语言模型的可靠性和性能。例如，加强数据安全保护，推进相关法律法规的制定和执行，建立更加多样化的样本集和算法模型，提高领域专家的参与度等。

大语言模型的弊端意味着在设计模型时需要权衡模型规模与性能之间的关系。同时，需要采取更好的方法来监控和保护数据隐私，并努力提高大语言模型的可解释性。

第四章

为什么是 ChatGPT

为什么是 ChatGPT 在大语言模型竞争中胜出，而不是别的模型？曾经开发出大语言模型的关键里程碑 Transformer 的谷歌公司为何也没能脱颖而出？大量的事实已经证明，世界上的任何成功都不简单，既有偶然的因素，也有必然的因素。ChatGPT 的每一个组成元素可能都称不上完全的原始创新，包括 Transformer、预训练、生成式、聊天机器人，但把这些元素巧妙地组合和裁剪，最终展现出的就是一个具有原始创新特质和强大能力的新事物。本章的核心主旨，与其说是让大家更深刻地理解 ChatGPT 胜出的原因，不如说是让大家了解人工智能时代的创新路径与方法。

1. 关键里程碑——Transformer

2017 年，谷歌大脑团队发表了论文 Attention is All You Need，其中提出了深度神经网络模型 Transformer，开启了自然语言处理的新篇章。Transformer 模型以注意力机制为核心，支持语言文本的并行输入，突破了循环神经网络、卷积神经网络、长短期记忆神经网络等早期自然语言处理模型在处理效率和较长上下文理解等方面的瓶颈，是导致大语言模型出现的关键里程碑。可以说，没有 Transformer，就没有后来的 GPT（OpenAI 公司发布）、BERT（谷歌公司发布）、LLaMA（Meta 公司发布）、PaLM（谷歌公司发布）等各种大语言模型。

Transformer 模型是人类在自然语言处理领域不断探索的集大成者。它采用的词嵌入、编码器、解码器、注意力机制、位置编码、残差连接与层归一化等技术，以及预训练+微调的训练方法都并非首创，但它把这些技术和方法有机地融合在一起，从而让模型产生了前所未有的能力。

📑 总体架构

Transformer 模型的总体架构包括编码器与解码器两部分，如图 4-1 所示。

编码器由六个相同的神经网络层堆叠构成（$N_x=6$），每一层神经网络都由一个自注意力子层（图 4-1 左半部分中的"多头注意力"，是自注意力的多个子空间汇总处理）和一个前馈网络子层组成，每个子层都由一个残差连接与层归一化处理，通过这些层次把由输入的符号表示的输入序列$(x_1, x_2, \cdots, x_n)$转换为一个连续表示序列$(z_1, z_2, \cdots, z_n)$。解码器也由六个相同的神经网络层堆叠构成，但与编码器不同，在每个解码器层次中包含三个子层，除了类似编码器中的自注意力子层和前馈网络子层，增加了一个对编码器输出执行多头注意力计算的子层。

解码器中的自注意力子层称为带掩码的多头注意力子层，之所以要进行掩码操作，目的是防止当前位置关注后续位置，确保当前位置的预测只能依赖此前的已知输出。基于编码器输出的连续表示序列$(z_1,z_2,\cdots,z_n)$，解码器按照一次一个元素的方式生成输出序列$(y_1,y_2,\cdots,y_m)$。在生成输出序列的过程中，模型是自回归的，即在生成每一个符号时，要把早前生成的符号作为附加输入。

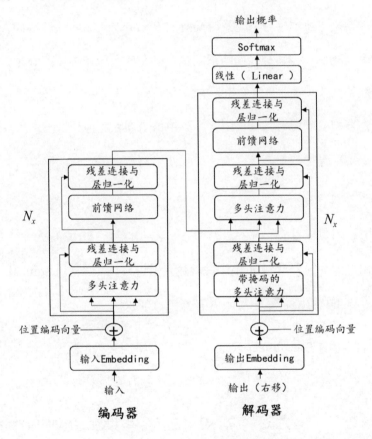

图 4-1　Transformer 模型的总体架构

📃 注意力机制

注意力机制是 Transformer 的核心组成部分。只要理解了它，就能理解该模型比以往模型优越的精妙之处。注意力机制最早源于对人类视觉注意力特性的模仿，即人类凭借自身直觉，在自身注意力有限的前提下，能够快速从外部环境的大量信息中获取有价值的信息。20 世纪 90 年代，已经有相关研究将注意力机制的相关思想引入计算机领域，但一直没有引起广泛关注。2014 年，谷歌公司研究团队发表了研究论文《视觉注意力的循环模型》（ Recurrent Models of Visual Attention ），其中把注意力机制和循环神经网络相结合，以完成图像分类任务。此后，注意力机制开始获得大量关注，在深度学习的各个领域都有应用。在自然语言处理领域，由于基于注意力机制能够计算出语言序列中每个词和其他词之间的相关性权重，从而帮助模型更好地、更高效率地捕捉和处理文本词语之间的依赖关系，因而被广泛应用。

注意力机制包括查询（ Query，Q ）、键（ Key，K ）、值（ Value，V ）三个元素。基本的思想是用查询 Q 和键 K 相乘进行注意力打分，然后利用 Softmax 函数计算获得对应的权重，最后将其作用于值 V 并进行加权操作。

较晚才提出的 Transformer 模型引入注意力机制当然也就没有什么特别之处，其创新之处在于提出了自注意力机制与多头注意力机制（ 见图 4-2 ）。

顾名思义，自注意力就是自己关注自己，强调对数据或特征内部相关性的捕捉。其中的 Q、K、V 均通过输入矩阵 X 与对应的权重矩阵 W^Q、W^K、W^V 相乘获得。由于 Q、K、V 都是由统一的输入矩阵 X 计算出来的，所以称为自注意力。进一步，Q 和 K 相应矩阵相乘得到注意力得分矩阵（ 点积 ）。为避免 Q 和 K 相乘的值过大而经过 Softmax 函数处理导致梯度过小的问题，可以用 Q 和 K 相乘的结果除以 K 的维度 d_k 的平方根 $\sqrt{d_k}$，这一步称为缩放点积。最后，将 Softmax 函数处理过的注意力权重乘以 V 即可得到自注意力计算结果。上述过程可以用公式表示出来，如图 4-3 所示。

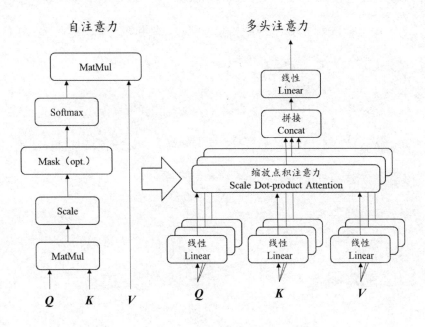

图 4-2 自注意力与多头注意力示意图

$$\text{Attention}(\boldsymbol{Q}, \boldsymbol{K}, \boldsymbol{V}) = \text{Softmax}(\frac{\boldsymbol{Q}\boldsymbol{K}^{\text{T}}}{\sqrt{d_k}})\boldsymbol{V}$$

图 4-3 自注意力计算公式

通过自注意力机制，输入的每个词语都能学习到自身和上下文其他字词的相关性，也能够通过注意力权重进行特征组合，放大输入语句的特征。

理解了自注意力机制，多头注意力机制也就非常容易理解了。简单来说，多头注意力机制就是把类似自注意力的算法扩展到多个子空间（或者称为各个注意头），学习不同类型的特征。为不同的子空间赋予不同的权重矩阵，进而会计算出不同的 $\boldsymbol{Q}$、$\boldsymbol{K}$、$\boldsymbol{V}$，然后参照自注意力计算公式计算不同子空间的缩放点积注意力。

最后，把各个子空间的自注意力计算结果拼接、合并起来就能够获得最终的多头注意力计算结果。多头注意力机制可以使用多组 Q、K、V 来运行，每个子空间都会学习到不同的输入内部表示。这样做能够使模型更好地理解输入序列中的不同特征。

不知道是不是作者担心会被质疑，其在 Attention is All You Need 一文中用一节内容对引入自注意力机制的优势专门做了解释，指出它比循环神经网络、卷积神经网络的计算复杂性更低、运行效率更高。同时，作者认为自注意力机制有助于产生更多可解释的模型。

位置编码

与注意力机制一样，位置编码的概念也不是在 Transformer 模型中首次提出来的，但该模型灵活运用了这一概念及相关思想。由于自注意力机制并行关注输入语句中全部词语的特征，这一点与循环神经网络和卷积神经网络完全不同，因而会缺少重要的语句顺序信息。为了让模型能够利用输入序列的顺序，在 Transformer 模型的编码器和解码器的输入嵌入中，还附加一个额外的位置编码向量。所谓位置编码，就是用来表示单词在输入序列中的位置，从而使在不同位置上的单词得到不同的编码表示。位置编码向量与输入嵌入有着相同的维度，因而可以直接相加。在 Transformer 模型中，位置编码向量通过计算不同频率下的正弦曲线和余弦曲线获得，其中的每个维度对应一个正弦曲线。

📖 前馈网络

与循环神经网络不同，Transformer 模型在应用注意力机制的基础上，采用了前馈（神经）网络。在 Transformer 模型编码器和解码器的每个子层中，都使用了包含两个全连接层和 ReLU 激活函数的前馈网络。前馈网络对每个位置的隐藏表示进行变换，从而生成新的表示。

📖 残差连接与层归一化

在早期深度学习模型中，随着网络层数的增加，经常会出现梯度消失和梯度爆炸问题。2015 年，微软的研究团队提出了深度卷积神经网络模型 ResNet（Residual Networks），其中使用残差连接来避免梯度消失和信息丢失问题，使训练数百层的神经网络成为可能。ResNet 模型表现出强大的表征能力，在当年的 ImageNet 竞赛中获得分类任务第一名的成绩。Transformer 模型将残差连接这一思想和技术引入进来，在每个子层和跨层的连接中广泛使用，加速了模型训练，并最终提高了模型的性能。

层归一化即对网络中的每个层进行归一化处理，即把输入转化为均值为 0 和方差为 1 的数据，从而加速训练，并提高模型的健壮性和泛化能力。在 Transformer 模型中，残差连接与层归一化一起应用在每个子层的输出中。

Transformer 模型就像一条钻石项链，把以往人们在自然语言处理领域的各方面优秀探索成果有机联结在一起，进而打开了发展大语言模型的大门。截至 2023

年 6 月，所有类 ChatGPT、表现优异的大语言模型无一例外都是在 Transformer 模型基础上的改进模型。

2. GPT 系列的持续进化

以 Transformer 模型为基础，各种改进的预训练模型和大语言模型百花齐放，谷歌、微软、Meta、百度、阿里巴巴等互联网巨头都投身其中，但 2015 年才创立的 OpenAI 公司后来居上，成为大语言模型领域的领军者。或许是大公司过于自信而忽略了一些可能性，OpenAI 公司最终抓住了机会脱颖而出。OpenAI 公司基于 Transformer 模型开发的大语言模型称为 GPT（Generative Pre-trained Transformer，基于转换器的生成式预训练），它已经发展成一个系列，包括 GPT-1、GPT-2、GPT-3、GPT-4 等多个版本。GPT 系列模型的每一代版本都在不断创新和突破，使其在自然语言处理领域的应用越来越广泛，同时促进了自然语言处理技术的不断发展和进步。ChatGPT 并不在 GPT 系列模型发展的主线上，而是面向聊天应用开发出的一个旁支模型。

📄 GPT-1

2018 年之前，OpenAI 公司虽然也在人工智能领域不断开拓，但结果都乏善可陈。2018 年，OpenAI 公司转向开发基于 Transformer 模型的改进模型，发布了

GPT 系列的第一个版本 GPT-1。尽管 GPT-1 的开发方向没有问题，但训练数据规模和参数规模都非常小，与谷歌同年发布的同样基于 Transformer 模型的 BERT 模型相比，GPT-1 的性能表现不佳。本书第一章中提到，正是因为这一不佳的结果，导致了 OpenAI 公司股东之间的意见分歧，埃隆·马斯克也因此离开了 OpenAI 公司董事会。

GPT-1 仅采用 Transformer 模型中的解码器，而不是全盘采用。GPT-1 把 12 层解码器叠加在一起，其中每一层都包括带掩码的自注意力、前馈网络、残差连接与层归一化等。GPT-1 只有 1.17 亿个参数，训练数据规模也非常小，主要是 7000本未出版的书籍。模型设计的主要输出目标是进行文本预测和生成。

GPT-1 的训练非常有特色，是一种半监督学习方法，结合了无监督的预训练和有监督的微调。其中，无监督的预训练被称为革命性的创举。模型的训练分两个阶段：在第一个阶段，使用未标注数据上的语言建模目标来学习神经网络模型的初始参数；在第二个阶段，使用相应的监督目标（人工标注的训练样本）使这些参数适应目标任务。在 GPT-1 的研究论文中特别指出，除非微调细节有特别说明，否则模型将重复使用无监督预训练的超参数设置。

由于 GPT-1 仅采用单向 Transformer 模型，因此必然会缺失较多的关键信息。GPT-1 主要应用于文本生成领域，且它的生成能力比较有限。尽管如此，它的成功仍为后续版本的 GPT 模型打下了坚实的基础，也使 OpenAI 公司的研究者相信这条路是可以走通的。

🗐 GPT-2

2019 年，基于 GPT-1 改进的 GPT-2 发布。相较于 GPT-1，GPT-2 做了几个方面的改进：参数规模更大，达到 15 亿个；采用了更加广泛、多样的训练数据源，其中包括超过 40GB 的互联网爬虫数据、图书数据、新闻数据等；模型架构没有大的变化，只做了一些改进，如增加 Transformer 模块层数到 48 层，把归一化层放置在自注意力层和前馈网络层前面，在最后一层 Transformer 模块层之前增加了额外的归一化层，把初始化的残差层权重缩小为原来的 $\frac{1}{\sqrt{N}}$（N 为残差层的数量），强调零样本任务（也称 Zero-shot 任务，即模型在没有任何人工介入的情况下学习新的任务，并自动识别出需要学习什么任务）学习。经过这些改进，GPT-2 相比 GPT-1 的性能有了大幅度提升，不仅能够生成更高质量的文本，还能够完成更加复杂多样的自然语言处理任务，如文本摘要、机器翻译、问题回答、情感分析、文本分类等。

GPT-2 比 GPT-1 具有更加强大的性能，文本生成能力尤其优越，在当时已经处于优秀模型之列。它的缺点与 GPT-1 类似，由于采用单向的 Transformer 模型，因此会缺失较多的关键信息，在应对自然语言理解任务时有些捉襟见肘。

🗐 GPT-3

2020 年，OpenAI 公司进一步升级了 GPT 模型，发布了 GPT-3。相较于 GPT-2，GPT-3 的结构没有发生大的变化，但参数规模和训练数据规模大幅度扩大。模型的参数规模是 GPT-2 的约 117 倍，达到 1750 亿个，训练数据更是达到 45TB，是

GPT-2 的 1000 多倍。GPT-3 的训练数据源也更加广泛，包括两个相异的图书语料库、全网页爬虫数据集，以及英文维基百科文章。在 ChatGPT 出现之前，GPT-3 虽然没有引起太大轰动，但以其在机器翻译、人机问答、完形填空、常识推理、文本生成、数学计算等方面的优异性能表现，已经在人工智能领域引起了广泛关注。

GPT-3 以 GPT-2 为基础，主要从下游任务角度进行了改进，具有"Few-shot""One-shot""Zero-shot"三种核心下游任务。其中，Zero-shot 任务是 GPT-2 已经具有的下游任务类型，即零样本任务。Few-shot 任务即少量样本任务，用户可以输入多个例子和一则任务说明。One-shot 任务即单样本任务，用户可以输入一个例子和一则任务说明。GPT-3 的开发者认为，之所以区分这些下游任务，是因为只有这样才能与现实中任务传达给人类的方式更加匹配。

GPT-3 在训练时对数据质量的要求非常高，因此开发者进行了大量的数据处理工作。包括：根据与一系列高质量参考语料库的相似性对互联网爬虫数据集进行过滤；在数据集内和数据集间的文档级别执行模糊重复数据删除，防止冗余并保持验证集的完整性；将已知的高质量参考语料库添加到训练组合中；并非按照数据集规模大小的比例进行采样，而是针对高质量的数据集进行更高频次的采样；尽可能消除开发和测试集之间的任何重叠，避免对下游任务造成污染。

尽管与后来的 ChatGPT、GPT-4 等模型相比，GPT-3 仍然存在错误率较高、特定领域知识理解能力不足等问题，但毫无疑问，它在自然语言处理领域把模型性能推到了一个前所未有的高度，已经能够模仿人的写作风格和语言习惯，生成具有人类特征的、自然流畅的、多样化的自然语言文本。

📑 InstructGPT

在发布 ChatGPT 之前，OpenAI 公司在 2022 年年初发布了它的一个兄弟版本 InstructGPT。InstructGPT 是基于 GPT-3 进行微调的结果，它的核心创新之处在于引入了基于人类反馈的强化学习（RLHF）方法来进行模型微调。研究结果表明，仅有 13 亿个参数的 InstructGPT 模型的输出性能比具有 1750 亿个参数的 GPT-3 模型还要优异。而且，人类的参与和反馈，使模型输出的真实性得到提高，并且减少了有害内容的输出。InstructGPT 模型的相关研究证实，利用人类反馈对大语言模型进行微调有助于提升模型输出与人类价值观的对齐程度。

因为大语言模型建模的直接目的往往是预测下一个词语，而不是遵从用户的意图和指令，这就导致包括 GPT-3 在内的大语言模型通常会输出一些非预期的内容，如捏造事实，生成有偏见或有害的文本等。尽管非预期的内容已经非常少见，但包括目前火热的、更加先进的 ChatGPT 和 GPT-4 也并没有根除这一顽疾。提出 InstructGPT 模型的根本原因就是致力于尽可能消除这些问题。开发者希望构建的模型是有帮助的(帮助用户完成任务)、诚实的(不应该捏造事实或误导用户)、无害的 (不应该对人造成身体、心理或社会伤害)，这些探索也为后来 ChatGPT 的惊艳表现奠定了基础。

InstructGPT 模型的训练包括三个步骤：第一步，收集示范数据，训练一个监督策略；第二步，收集比较数据，训练奖励模型（Reward Model，RM）来预测人类偏好的输出；第三步，将这个奖励模型作为奖励函数，使用近端策略优化（Proximal Policy Optimization，PPO）算法微调监督策略，以最大化奖励第二步。第三步可以连续迭代，不断收集当前最佳策略的更多比较数据，用于训练新的奖励模型，然后训练新的策略模型。通过这些训练步骤，开发者就能够将 GPT-3 的行为与特定人群（主要是训练中的贴标签者和研究人员）的既定偏好联系起来，最终训练的结果就是 InstructGPT 模型。

模型研究者指出，尽管输出内容的真实性得到提升，有害性有所降低，更符合人类的价值偏好，但 InstructGPT 模型还存在一些不足，会犯一些简单的错误，如可能无法遵从指令，捏造事实，对简单的问题给出冗长的模糊答案，无法检测到带有错误前提的指令等。另外，InstructGPT 模型的价值对齐仍然局限于有限人类个体的偏好，而不是更加普遍的人类价值。

OpenAI 公司围绕 InstructGPT 模型所做的探索，最终都融合到 ChatGPT 当中，成为 ChatGPT 实现高性能的保障。

📑 ChatGPT

无论是不断扩大模型规模带来的性能提升，还是开发纠偏性的 InstructGPT 模型，看起来 OpenAI 公司的前期努力一直走在正确的道路上。到了 2022 年 11 月，ChatGPT 正式发布，其后台大语言模型一般称为 GPT-3.5。ChatGPT 实质上是基于 GPT-3.5 而面向人机交互场景的微调模型。后续的故事现在已经为人所知，ChatGPT 在全球引起了全民狂热，并掀起了影响更加深远的 AIGC 浪潮。

与此前的进展不同，OpenAI 公司虽然发布了有关的性能测试报告和论文，但没有发布有关 ChatGPT 技术和训练细节的论文，目的显然是保护自身的价值。目前有关 ChatGPT 技术和训练细节的描述多数是在此前公开发布的研究基础上，适当进行一些合理的推测。ChatGPT 是面向聊天场景对 GPT-3.5 的微调模型，因此并不会改变模型本身的架构，可以认为它的模型架构仍然是 Transformer 模块的叠加，参数规模同样为 1750 亿个。当然，ChatGPT 的训练数据规模会比 GPT-3.5 更大，多样性也会更强。在训练方法上，ChatGPT 也是采用预训练+微调的训练方法。从实际表现来看，ChatGPT 具有很强的人类价值观对齐能力，充分吸收了 InstructGPT 模型的研究成果，即引入了 RLHF 来提高模型的可操作性、可靠性和实用性。

ChatGPT 虽然采用了 InstructGPT 模型应用过的 RLHF 方法，但数据收集策略有所不同。OpenAI 公司在其官方网站上对 ChatGPT 的训练方法做了详细的说明，具体如下。

"我们使用监督微调训练了一个初始模型：由人类人工智能训练员提供对话，他们在对话中扮演双方——用户和人工智能助理。我们让人工智能训练员可以访问模型编写的建议，以帮助他们撰写回复。我们将这个新的对话数据集与 InstructGPT 数据集混合，并将其转换为对话格式。

"为了创建强化学习的奖励模型，我们需要收集比较数据，这些数据由两个或更多按质量排序的模型响应组成。为了收集这些数据，我们听取了人工智能训练员与聊天机器人的对话。我们随机选择了一条模型编写的消息，抽取了几个备选的完成方式，并让人工智能训练员对它们进行排序。根据这些奖励模型，我们可以使用 PPO 算法来微调模型。这个过程会进行多次迭代。"

整体来看，ChatGPT 的强大能力主要表现在以下几个方面：具有上下文理解能力，能够与用户完成真实而有意义的对话；具有与人类基本相当的、强大而高效的文本生成能力，生成的内容基本合乎逻辑，没有语法错误，在很多领域都有使用价值；除了文本生成能力，还具有代码生成、机器翻译等强大能力；尽管模型学习主要依赖英文文本数据，但最终的模型能够支持多国语言对话；支持各种规模的任务；具有强大的自主学习能力，能够快速定制并创建新的模型。涌现能力是关于 ChatGPT 的热点讨论话题之一，即它具有小语言模型不具备的独特能力。

最早发布的 ChatGPT 以 GPT-3.5 为基础，但随着 GPT-4 的发布，后续的 ChatGPT 以 GPT-4 为基础，展现出更强大的性能。OpenAI 公司将基于 GPT-4 的 ChatGPT 用户服务命名为 ChatGPT Plus，与免费的、基于 GPT-3.5 的 ChatGPT 服务不同，用户需要每月支付 20 美元的订阅费用才能获取。

📑 GPT-4

2023 年 3 月，OpenAI 公司正式发布了更加强大的模型 GPT-4，这是截至当时最为强大的大语言模型。在各种模拟人类活动的测试中，GPT-4 都取得了优异成绩。例如，它通过了模拟的律师资格考试，而且成绩达到前 10%左右（同样的考试，GPT-3.5 的得分在倒数 10%左右）。虽然它还存在一些问题，如输出幻觉内容、社会偏见和对抗性提示等，但毫无疑问在真实性、可操作性等方面达到了有史以来的最好结果。

GPT-4 与以前模型相比最显著的区别是具有多模态能力，OpenAI 公司宣称它是一个大型多模态模型，主要表现为能够接收图像和文本输入，并输出文本。具体来说，GPT-4 的独特能力表现在三个方面：在文本生成方面具有更加强大的创造性和协作性，能够学习用户的写作风格，不断迭代完成写作任务；能够接收图像输入，并生成说明、分类和分析，即具有图生文能力，生成的结果可以是文字，也可以是代码；上下文处理能力更加强大，能够处理超过 25 000 个单词的文本，允许用户使用长格式创建内容、扩展对话，以及搜索和分析文档。

与 ChatGPT 一样，OpenAI 公司没有公开 GPT-4 的技术和训练细节，关于它的参数规模、训练数据规模也没有对外发布。研究者普遍认为，GPT-4 是 GPT-3.5 的再次迭代升级，技术架构本身应该没有发生根本性的变化，但参数规模估计达到万亿个以上，训练数据规模也会有至少一个数量级的增长。类似于 ChatGPT，GPT-4 同样应用了 RLHF 训练方法，以尽可能让模型输出与人类价值观对齐，但 GPT-4 应该纳入了更多的人类反馈，包括 ChatGPT 用户提交的反馈。

根据 OpenAI 公司发布的数据，与 GPT-3.5 相比，GPT-4 响应不允许内容请求的倾向降低了 82%，产生事实响应的可能性提高了 40%。OpenAI 公司的对比研究指出，在常规随意的人机交互中，GPT-3.5 和 GPT-4 之间的区别并不大，但当任务复杂性达到足够的阈值时，GPT-4 将比 GPT-3.5 表现得更加可靠、更加具有创意，也能够处理更加细微的指令。在多语言处理能力方面，GPT-4 的性能优于 GPT-3.5 和其他大语言模型。

尽管 GPT-4 模型很强大，但不能认为它具有了人类意识，能够真正理解人类的自然语言，它的本质与此前的其他 GPT 模型一样，是经过大量互联网公开数据训练的模型，目的是能够更加准确地预测下一个词语。正是因为其本质如此，它的一些缺陷可能最终不会从根本上得以解决。还有一点需要特别强调，尽管应用RLHF 训练方法的微调能够让 GPT-4 模型的输出与人类价值观对齐，但模型本身的关键能力仍然主要依赖预训练过程。

3. ChatGPT 商业化的五种模式

大量用户注册使用已经足以说明 ChatGPT 的技术能力是没有问题的，但在技术上的成功并不意味着在商业上必然成功。如果在商业上没有获得成功，就难以获得持续的研发资金，短暂获得的技术优势也会很快失去，发明者最终也会以失败告终。历史中已经有大量类似的故事，很多新技术的发明者因为没有在商业上获得成功，而最终以惨败退场，如飞机的发明者莱特兄弟、晶体管的发明者威廉·肖克利。对 OpenAI 公司来说，在成功推出 ChatGPT 之后，面临的下一个关键问题就是如何实现在商业上的成功。前面讨论过，大语言模型的训练和运行需要大量的计算资源、数据资源、能源，这些资源和能源都需要耗费大量的资金才能获取，如果没有获得在商业上的成功并建立良性的"技术—商业"循环，仅依靠外部投资者输血，大语言模型的研发和运行迟早会难以为继，其技术优势也会最终失去。因此，如何实现在商业上的成功是 OpenAI 公司须重点解决的问题。有一个结论是显而易见的，如果 ChatGPT 商业化不成功，那 OpenAI 公司将面临极其危险的处境。当然，如果 ChatGPT 商业化成功了，那相信开发它的 OpenAI 公司一定会成为类似微软、谷歌的新兴商业巨头。目前来看，OpenAI 公司主要采取五种模式来探索 ChatGPT 的商业化道路。这些商业模式能否让 ChatGPT 获得持续的成功，还需要时间来证明。

与微软的深度捆绑

微软在 OpenAI 公司的艰难发展阶段投入 10 亿美元，在 ChatGPT 全面爆发时再次投入 100 亿美元。基于投资关系，微软获得了 OpenAI 公司的后台能力（基于独家授权，微软能够访问 GPT 系列模型的底层代码，也能够嵌入、重新调整和修改模型，让自身的产品和服务与 GPT 系列模型深度整合），ChatGPT 的核心技术也因此与微软的搜索引擎 Bing、浏览器 Edge、办公软件 Office 套件全面整合。根据 2023 年 5 月的新闻报道，微软把 ChatGPT 的能力整合到操作系统 Windows11 中，同时也把相应能力与微软云服务 Azure AI Studio 整合，让用户基于自有数据构建自己的 ChatGPT 和 GPT-4。

微软是世界级的巨头，长期以来在操作系统、办公套件、云服务等领域处于领先地位，具有强大的全球化运作能力。OpenAI 公司与微软的深度捆绑，有助于快速推广它的产品和服务，获得大量的用户资源。但这种方式也有不足之处，就是会限制 OpenAI 公司自身的商业运作能力，压缩了自由运作的市场空间。但作为一种投资交换，OpenAI 公司可能无力改变这种局面，况且由于自身能力也有限，独立运作未必会比这种捆绑方式更加成功。

📑 API

OpenAI 公司将 ChatGPT、GPT-3.5、GPT-4 的能力封装在 API 中，开发者可以通过接口调用获取相应能力。用户可以在起草文件或撰写电子邮件、编写 Python 代码、回答问题、语言翻译、创建交互代理、模拟视频游戏中的角色、为软件提供自然语言交互界面等具体任务中调用 OpenAI 公司相应服务的 API，从而获得大语言模型的赋能。API 服务是收费的，GPT-4 的 API 收费标准是：在 8K 上下文的 1K 提示请求令牌为 0.03 美元，1K 完成响应令牌为 0.06 美元，其中 1K 令牌相当于 750 个单词。ChatGPT、GPT-3.5 的 API 与 GPT-4 的 API 相比，价格要便宜一些。

📑 订阅模式

对普通用户来说，ChatGPT 的使用是免费的。但如果用户希望使用基于 GPT-4 模型的 ChatGPT Plus 服务，则需要支付订阅费用，价格是每月 20 美元。订阅主要面向有更高级的需求（如复杂任务）、需要快速响应、想要访问新功能的用户。对普通用户来说，免费版的 ChatGPT 其实已经足够了。

📑 模型多元化

类似于传统产业发展中常见的多元化策略，为避免将鸡蛋放在一个篮子中，OpenAI 公司在发展中实现了轻资产的模型多元化。这种模型多元化，不仅是指

GPT 系列模型的多样化服务，更是指 OpenAI 公司基于大语言模型衍生出了图像生成模型 DALL·E2、语音识别模型 Whisper 等，这些模型让 OpenAI 公司拥有了多元化模型服务能力，并且可能使其成为真正面向未来的新型基础设施提供机构。

应用商店

除了前述的商业路径，OpenAI 公司还在其 ChatGPT Plus 服务中允许其他应用插件接入，给付费用户提供服务。这种模式有点像苹果应用商店，或许可以称为 AGI 时代的插件商店。每个接入的插件都会被 OpenAI 公司详细审查，确保安全、有用，并能够提供高质量的用户体验。这些插件的功能与 ChatGPT 存在互补性，没有大语言模型的独特能力，插件的能力将大打折扣。OpenAI 公司列举了一些例子：航班、酒店预订等插件，它们能够与 ChatGPT 的计划制订混合使用；游戏插件，其中也使用到 ChatGPT 的能力。

应用商店，或者说插件商店，与 API 模式的商业拓展方向正好相反。应用商店是希望更多的应用插入 ChatGPT 中，丰富 ChatGPT 的能力供应，形成生态化合力。而 API 模式则是加速使 ChatGPT、GPT-4 的能力渗透到各个领域的应用中，最终让 ChatGPT、GPT-4 等模型成为关键的公共基础设施。两种商业模式互相促进、共同发展。

总体来看，与 ChatGPT 相关的商业化蓝图已经全面构建。尽管每种商业模式都不能说是全新的创造，但应该符合当前发展的实际需要。随着探索的深入和平台生态的逐渐形成，相信未来一定会创造出更加惊人的全新商业模式。在未来新商业模式出现之时，大语言模型将迎来真正的巅峰时刻。

4. 通用人工智能的早期版本?

在 GPT-4 发布后，微软的一些研究者发表了一篇题为《通用人工智能的火花：GPT-4 的早期实验》的论文，其中通过一些实验任务设计，证明 GPT-4 不仅能够掌握自然语言，还能够在不需要任何特殊提示的情况下，解决跨越数学、编码、视觉、医学、法律、心理学等领域的新颖而困难的任务，而且性能表现接近人类水平，并大大超越以往的类似模型。因此，该论文的研究者们认为 GPT-4 应该被视为通用人工智能（AGI）的早期版本。

上述研究结论显然是存疑的。要论证 GPT-4 是 AGI 的早期版本，要么证实 GPT-4 本身已经是一种 AGI，只是不完善，要么证实它采用的方法是走向 AGI 的必由之路。尽管研究者进行了大量研究，证明了 GPT-4 具有一定的通用性，但这种通用性与 AGI 还是有着根本性的区别的。举例来说，一台计算机或一部智能手机，具有跨行业的通用性，但它们并不能称为通用智能。要证实 GPT-4 已经是 AGI，就要从本质上证实这种智能具有类人的智能运作模式和水平。前面提到过，目前所有 GPT 模型的实质都是对下一个词语的预测，这可以看作理解人类世界的一种范式，但这种范式显然与人类智能相去甚远。另外，这种范式是否必然会实现 AGI 也缺乏足够的证据，或者说无法证实这种范式就是最终实现 AGI 的唯一范式。如果强行把 GPT-4 归为 AGI 的早期版本，那么只有一种可能，就是修改关于人类智能的定义，但这种方式让讨论 AGI 本身失去了意义。一般来说，AGI 表达的含义是机器达到人类智能的程度，显然目前机器的智能水平还达不到这一要求。因此，如果把 GPT 系列模型称为迈向 AGI 的早期探索，而不是早期版本，或许更加准确。

那么，到底什么是 AGI？如果能正本溯源，或许就能够更加深刻地理解 ChatGPT 及其背后的 GPT-3.5 和 GPT-4 的价值。在广为熟知的人工智能概念体系中，AGI 也称强人工智能，通常与弱人工智能、超人工智能等概念相对。这三个概念的内涵都是建立在与人类智能相比较的基础上的，其中：比人类智能弱，只能完成专门性任务的人工智能称为弱人工智能；能够像人类一样拥有智慧和理解能力的人工智能，即具有完全自主的、能够独立思考和决策的、类人智慧的人工智能，称为强人工智能；而超人工智能，则是超越人类智慧的人工智能系统。其中，人类智能是全方位的智能，包括感知、推理、学习、规划、自然语言理解、情感、创造力等多个维度。而且迄今为止，人类智能的产生机理并没有被破解。严格来说，尽管 ChatGPT、GPT-3.5 和 GPT-4 表现出的能力很强大，但仍然只能归于弱人工智能范畴，因为它们的主要能力仍然局限于根据用户输入的信息预测并生成新的内容，是一种专门性能力，而不是真正的理解、推理和判断，这与人类智能完全不同。

虽然 ChatGPT、GPT-3.5 和 GPT-4 等模型与 AGI 还有较大的差距，但它们在完成人机交互任务中已经达到了一定的智能高度。在未来的发展中，科学家们有望逐步提高这些模型的能力，有可能实现更高级别的人工智能，或者说存在最终实现 AGI 的可能性。总体来说，ChatGPT、GPT-3.5 和 GPT-4 等模型与 AGI 的关系不是简单的内在关联，而是互相促进、交相辉映的关系。ChatGPT、GPT-3.5 和 GPT-4 等模型是人工智能的基本组成部分，它们将潜在地促进 AGI 的发展，并使人工智能达到更高的发展水平。

虽然说 ChatGPT、GPT-3.5 和 GPT-4 等模型还达不到 AGI 的程度，但我们不应该忽视它们的优势和价值。随着 GPT 相关模型的不断训练、微调和进化，其必然会对特定领域的问题做出更加灵敏的反应，最终的回答也必然会更加准确、流畅，有害信息会更少，也能够更加个性化，模型的多模态能力也会更强。这些特性意味着，它们必然会在人类社会中发挥巨大的作用。

ChatGPT、GPT-3.5 和 GPT-4 等模型能够通过律师资格考试，能够高考成功，能够考上研究生，能够帮助人类工作、学习和娱乐，能够用于各个行业，这些都是在其强大能力基础上显而易见的前景，而且其中的一些已经成为现实。但做到这些就是 AGI 了吗？它们的发展道路就是 AGI 的发展道路吗？本书认为还不能这样推理。

5. 未来前进的方向

GPT-4 模型让 ChatGPT 的性能表现达到了前所未有的高度，可以预见未来可能会发布的 GPT-5 将进一步提升 ChatGPT 的性能。但之后如何发展，并不是更加清晰了，而是更加模糊了。

从 GPT-1 到 GPT-4 可以认为是"大力出奇迹"的结果，此后的技术发展尽管也会有一些进步，但从长远来看将面临艰巨的挑战。挑战可能集中在三个方面：模型参数不可能无限制增长；训练仅依靠互联网数据难以为继；难以解释的涌现能力让模型算法的进一步改进失去方向。这些挑战看起来是无解的，因此未来发展不会局限于应对挑战，而是寻找新的突破。突破预计会集中在三个方面：挖掘 RLHF 的潜力；相关模型针对垂直行业的微调和应用；新关键算法的出现（其价值可能会类似 Transformer）。

如果不考虑 GPT-5，或者更长远的未来，即使 ChatGPT 仅基于 GPT-4 模型提供服务，短期也会在智能化程度、应用场景、用户体验、数据安全等方面取得一些进展。这些进展可能会表现为以下几个方面。

更强的语义理解能力：ChatGPT 将积极跟进自然语言处理领域的最新研究成果，并结合日积月累的用户对话数据，不断提升自身的语义理解能力。相信未来的 ChatGPT 能够更好地理解用户的意图和情感，并能够给出更加恰当的回答。

更加个性化的交互方式：ChatGPT 将探索更加个性化的交互方式，通过分析用户的历史对话记录及公开的个人相关信息，给出更加符合用户喜好和习惯的回答。比如，未来的 ChatGPT 可能学会根据用户的口吻、兴趣等提供个性化与定制化的聊天服务。

更强的多模态输入和输出能力：基于模型训练和技术整合，ChatGPT 将表现出强大的多模态输入和输出能力，如语音、图像、视频、音乐、代码等多模态内容的输入和输出，而不仅是文本。

更强的多语言支持：随着全球化的不断深入，ChatGPT 在未来将逐渐增加对于不同语言的支持，世界上越来越多的人可以使用 ChatGPT 进行交互。

更广阔的行业应用场景：ChatGPT 将深入不同的行业应用场景中发挥作用，如教育、医疗、制造、能源、金融、媒体等领域，并进一步挖掘自身潜力，更好地满足用户需求。在行业应用场景拓展中，ChatGPT 将进一步被微调为更适合各个行业应用场景的细分模型。

与其他数字应用融合：ChatGPT 及其背后模型的能力将被嵌入写作、办公自动化、会议、数据分析、图片和视频生成、客服机器人、元宇宙、机器翻译等相关应用中，可能会成为像水电一样的公共基础设施，无处不在但又无形。

更加安全、可靠、合乎道德的服务：更多的人类反馈将被加入 ChatGPT 模型的训练中，模型输出的幻觉内容、社会偏见、事实性错误将大幅度减少，输出的内容将进一步与人类价值观对齐。

用户隐私保护得到重视：随着大量用户开始使用 ChatGPT，大量的隐私数据有可能被上传到模型中，用户隐私保护将面临越来越多的挑战。ChatGPT 及其相关模型将整合隐私保护技术，确保用户的隐私数据得到充分的保护。

第五章

机器生成内容——AIGC

机器生成内容（Machine Generated Content，MGC）通常与用户生成内容（UGC）、专业机构生成内容（PGC）并列，是对一种新型内容生成模式较为通俗而宽泛的说法。从专业角度解释，机器生成内容就是采用机器学习算法（如自然语言处理、机器翻译、文本生成和文本分类）、大数据、物联网等技术工具，从已有的文本、数据、视频、音频，或者其他内容源中自动生成新内容的过程。

在当前的日常话语中，机器生成内容主要是指由人工智能（Artificial Intelligence，AI）算法生成的内容，因此也称人工智能生成内容（Artificial Intelligence Generated Content，AIGC）。这些算法可以以抽象的内容模式（如句子、段落、短语等）或细节模式（如词汇、语法等）生成文本、图像、视频、音频（包括音乐）、代码等。这些生成的内容具有自然的样式和效果，可以达到与人类生成的内容相媲美的程度。AIGC 正在成为强大的生产力，在让每个人都成为创造者和传播者的同时，也让人类的生活方式变得丰富多样。

1. 生成式 AI 与 AIGC

AIGC 是一种内容生成模式，而各种各样的生成式 AI 技术和模型则是实现这种模式并藏身其后的核心赋能工具。简单来说，AIGC 是人操作生成式 AI 进行内容生成的模式，而生成式 AI 的算法模型则是实现这一模式的关键技术支撑。

生成式 AI

过去说起"人工智能"这个词，人们可能会立刻想到专家系统、人脸识别、语音和图像识别、生产模型优化、人工智能辅助看病等由人工智能完成的任务，这些任务往往与基于数据的分类、判别和决策等活动相关，因此被称为判别式 AI（Discriminative Artificial Intelligence）。生成式 AI（Generative Artificial Intelligence）则不同，在基于大量数据进行模型训练的基础上，AI 程序能够自主创造和生成新的文本、图像、视频、音频、代码等。

第二章介绍过的生成对抗网络就是一个发明较早的、典型的生成式 AI 模型，主要用于图像生成。它基于对抗学习的思想，由一个生成器和一个判别器组成。生成器的目标是生成尽可能接近真实数据分布的样本，而判别器的目标是将生成的样本与真实的样本区分开来。通过不断对抗学习，生成器能够逐渐生成更加真实的样本，从而实现生成式 AI 模型的训练。生成对抗网络可以用于图像生成、文本生成、视频生成等任务。生成对抗网络是一个里程碑式的突破，提供了一条超越已有内容，并创造出新内容的途径。

虽然生成对抗网络能够生成图像，但它存在很多缺陷，如系统不稳定、耗费资源、训练过程慢、可解释性差、图像生成结果比较单一等。由于它的不完美，因此一方面，后续发展出一些生成对抗网络的改进模型，如 CGAN（Conditional Generative Adversarial Network，条件生成对抗网络）、DCGAN（Deep Convolutional Generative Adversarial Network，深度卷积生成对抗网络）、SeqGAN（Sequence Generative Adversarial Network，序列生成对抗网络）等，这些模型的目标无一例外都是试图让生成对抗网络的生成性能更好，而缺陷更少；另一方面，一些研究者另辟蹊径，探索新的生成内容的模型，发明了扩散模型（Diffusion Model，DM）。扩散模型从气体物理扩散过程中获得灵感，包括两个重要的过程：正向扩散和反向扩散。在正向扩散阶段，图像被逐渐引入的噪声污染，直到变为完全的随机噪声；而在反向扩散阶段则相反，在每个时间步利用算法逐步去除预测噪声，最终从噪声中恢复数据。

在图像生成领域不断取得进步的同时，第四章提到的 Transformer 模型建立了另一个里程碑，使人类在自然语言处理领域取得了重要的进步。后续全世界发布了很多大语言模型，如 OpenAI 公司发布的 GPT 系列、谷歌开发的 BERT，基本上都以它为基础。Transformer 带来的最大改变是使算法具有了强大的上下文自然语言语义理解能力，而且在语言建模和构建对话 AI 工具方面取得了显著的进步。

OpenAI 公司在大语言模型（GPT 系列）开发取得进步的基础上，于 2021 年发布了一个基于 Transformer 模型，能够连接文本和图像的训练模型 CLIP（Contrastive Language-Image Pre-training）。它经过数亿张图片及相关文字的训练，学习到了给定文本片段与图像之间的关联，能够根据给定的图像生成文本。有了

CLIP 这一强大的文图关联模型，OpenAI 公司于同年发布了一个文生图应用 DALL·E。2022 年，OpenAI 公司把 DALL·E 升级为 DALL·E2，它能够根据文本提示生成高质量的图像。DALL·E 系列的核心有两个：一个是 CLIP，负责解决语言理解和文图关联问题；另一个是基于扩散模型的图像生成模型 GLIDE（Guided Language to Image Diffusion for Generation and Editing，用于生成和编辑的图像扩散引导语言），负责生成高质量的图像。

在由文本生成图像的过程中，既需要语言语义理解，又需要稳定地进行图像生成，因而把生成对抗网络、扩散模型和 CLIP 模型（价值是文字理解和文图关联）融合在一起就成为一个可行而有意义的探索方向，潜在扩散模型（Latent Diffusion Model，LDM）就这样被发明出来。这个模型不仅具有强大的文本到图像的生成能力，能够生成更加多样和详细的图像，而且更加健壮和高效。进一步，以潜在扩散模型为基础，到目前为止开源的、文生图的图像生成器 Stable Diffusion 横空出世。另一个轰动世界的文生图应用 Midjourney 同样是基于潜在扩散模型而开发出来的。

在文生图应用取得进步的过程中，涉及的每一个模型都是由复杂的算法构成的，难以用有限的文字来解释。大家需要明白的是，生成式 AI 展现给大众的是简单的操作，其背后则是复杂的人工智能算法。

由以上文生图的相关算法发展与演化过程，可以类推出视频、音频、代码、3D 模型等内容的生成同样是基于一系列生成式 AI 模型的不断进步。另外，需要注意到，目前所说的生成式 AI，其实质也可以看作不同媒体类型的算法化转换，而不是凭空生成内容。例如，文生文、文生图、图生文、文本到音频、文本到视频、音视频到文本、文本到代码、文本到 3D 模型等。甚至，与元宇宙相结合，一些公司开发了基于文本生成 NFT 资产、虚拟场景的模型和应用。

到目前为止，生成式 AI 已经成为一个复杂的、不断快速成长的新物种集群，而且应用广泛。在自然语言处理领域，生成式 AI 可以生成文章、诗歌、小说、剧本、营销文案。在视频处理领域，生成式 AI 可以用来生成图像、视频、游戏设计、3D 模型等。在音频处理领域，生成式 AI 可以用来合成语音、生成音乐等。不同方面的生成式 AI 模型，都有不同的软件公司在开发，基于这些基础模型的大量应用软件更是百花齐放，呈现出一种类似寒武纪生命大爆发时代的瑰丽景象。在这种景象下，媒体模态之间的鸿沟将被填平，文本、图像、音频、视频的边界将消失，它们将按照需要被任意组合在一起并能够动态地变化，一个超媒的前景即将到来（见图 5-1）。

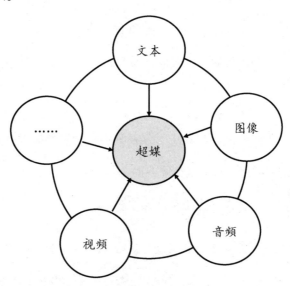

图 5-1　从多媒体模态到超媒

世界上已经开发了大量的生成式 AI 应用系统。在文生文领域，除了 OpenAI

开发的 ChatGPT，还有谷歌开发的 LaMDA、百度开发的文心一言等。在文生图领域，有 OpenAI 开发的 DALL·E2、慕尼黑大学研究小组开发的 Stable Diffusion 与 Midjourney、谷歌开发的 Imagen 和 Muse 等。在基于文、图生成视频领域，有 Runway 开发的 Gen-2、谷歌开发的 Phenaki。在基于文本生成音频领域，有 OpenAI 开发的 Jukebox 和 Whisper、谷歌开发的 AudioLM。在基于文本生成代码领域，有 OpenAI 开发的 OpenAI Codex、DeepMind 开发的 AlphaCode。除了列举的这些实例，还有大量功能不一的其他生成式 AI 应用系统，篇幅所限，就不一一介绍了。

全面理解 AIGC

与生成式 AI 强调算法模型开发不同，AIGC 实质上描述的是人类的一种全新生产活动、方式的过程和结果。这种生产活动和方式基于生成式 AI，并与人类生活的其他场景相关联。AIGC 在概念出现早期主要与传媒产业相关联，被认为是媒体内容生成方式的重大变革。但现在不同，AIGC 已经不再局限于媒体内容生成，而是开始与各行各业、每个人联系在一起，是基于全新生成工具（生成式 AI）的多维度生产力变革。

AIGC 更加关注应用场景，而不是算法模型本身。比如，我们在营销领域讨论 AIGC，主要是分析基于文本、音频、视频的生成内容对营销文案、产品展现、传播方式的改变。而在媒体领域，AIGC 将进一步解构传统媒体的权威性，每个人都是媒体内容的创造者，不止是指过去的人人都有"麦克风"，而是人人都是主播、人人都是记者、人人都是导演，平台化、元宇宙化的媒体将迅猛发展，为创造者提供更广阔的媒体空间。AIGC 也会深入工业生产领域，规划、设计、组织、生产方案、运行维护、营销推广、物流运输、服务交付等，到处都有内容生成的应用场景。AIGC 也会渗透到教育领域，在教学方案设计、教学课程内容生成、实验场景开发、辅助学生学习、个性化教学等方面发挥重要的作用。AIGC 还会渗透到医疗领域，在患者数据分析、病情诊断报告、医疗方案设计、医患交流等方面发挥重要的作用。除了列举的这些，AIGC 也会广泛应用到文化旅游、艺术创作、游戏设计等领域，让这些领域变得与以往完全不同。

AIGC 既是嵌入，也是反包裹。在初期阶段，各种 AIGC 工具会嵌入人类工作、生活、娱乐的各个环节和场景中。交互是人类社会运转的基本功能，而交互的核心是内容传播，内容传播是把人类社会凝聚在一起的"黏合剂"。AIGC 将借助内容传播活动，把生成式 AI 的能力渗透到人类社会的每个角落，我们所看到的、听到的，甚至触摸到的都有可能是 AIGC 的产物，人们将被 AIGC 的产物所包裹。

物质、能量和信息是人类社会的三个基本要素，而 AIGC 将彻底重构信息维度，信息的产生源头、组织方式、传播活动和价值都会被改变，物质世界和能量世界也会被重构。人与人、人与机器、机器与机器之间的任何交互都依赖内容，AIGC 将会介入其中，通过内容生成方式的改变重塑它们之间的关系。

过去，人们通常默认内容是被动的人类产物。AIGC 将改变这一情形，文本、图像、音视频、代码互相转换，内容自行驱动内容生成，人也将成为内容的一部分。打一个比方，如果把各种来源渠道生成的内容看作一个个肥皂泡泡，那人们可能会被这些泡泡所掩盖。人将不再主宰内容，而内容将主宰人。

现阶段的 AIGC 并不是完美的，而是存在大量的问题，如输出事实性错误和幻觉内容、存在道德问题、缺乏人类情感、可解释性差、内容存在偏见和歧视等，这些问题将给人类社会带来大量困扰。如果放任自流，那包裹人类的 AIGC 将使人类熟悉的世界面临前所未有的崩溃危机。因此，以人为中心进行监管和治理是 AIGC 时代的重要任务。而且，如果 AIGC 被一些犯罪分子利用，那么可能会导致更加严重的犯罪后果，如欺诈、心理恐吓等，因此涉及 AIGC 犯罪的法律也需要尽快推出。

AIGC 是一个正在被打开的广阔世界，它的潜力几乎是无穷的。它在带来生产力革命、媒介革命的同时，也会让人类面临全新的挑战。如何驾驭 AIGC 正在成为考验人类智慧的新问题。

2. 没有什么不能生成

近五年来，随着大语言模型开发的不断突破，生成式 AI 取得了突飞猛进的发展，几乎每个方向都有大量的生成模型和应用软件。本节结合流行的生成式 AI 应用系统，通过直观可视的方式让大家了解前沿的 AIGC 到底能生成什么。

文本生成

2023 年年初，随着聊天机器人 ChatGPT 的迅速走红，人们开始认识到一个全新的文本生成时代开始了。可以将文本生成的核心看作一个转换器，也就是将一组文本转换成另一组文本。但与普通、简单的转换又不同，这种文本转换过程中还有着自然语言理解、思维推理、涌现式的创造性生成等新特性。基于这些新特性，人与机器、机器与机器之间能够实现无障碍的交互，"人工智障"的困境自此被瓦解。

ChatGPT 从表面来看是聊天机器人，背后则是具有强大生成能力的人工智能算法（GPT-3.5、GPT-4 等）。因此，文本生成工具未必以聊天的方式呈现出来，还可以表现为机器翻译、文本处理、PPT 制作、文档撰写、机器人交流、智能客服等，这取决于具体的应用场景。下面简要介绍一下 OpenAI 公司的 ChatGPT、微软公司整合 ChatGPT 后的新搜索工具 New Bing。

ChatGPT 是 OpenAI 公司开发出来的，目前主要基于 GPT-3.5、GPT-4 模型。其中，基于 GPT-3.5 模型的 ChatGPT 主要用于文本生成，而基于 GPT-4 模型的 ChatGPT 则具有多模态（支持图像输入）处理能力。ChatGPT 的能力非常强大，虽然以聊天的方式表现出来，但其实际的能力不仅是陪人类聊天，还可以生成营销文案、撰写文章、设计方案、总结摘要、整理文本、作诗、写剧本，甚至生成一段软件代码等。它与其他软件相结合，还可以用于设计图像、3D 模型等，如用 ChatGPT 来赏析一首古诗并生成关键词，而用 DALL·E2 来生成图像。

ChatGPT 的操作界面非常简单，登录后就是一个非常精简的对话窗口（见图 5-2），用户可以在输入框中发起对话，以提出问题的方式给它布置任务，它就能输出用户想要的内容。例如，2023 年我出版了一本题为《元宇宙大革命》的新书，让 ChatGPT 撰写了一段用于营销的推荐语，仅几秒的时间它就完成了输出，而且内容非常完美。

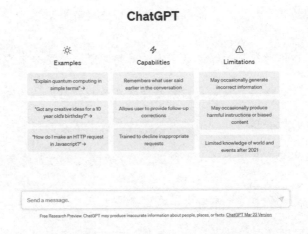

图 5-2　ChatGPT 的操作界面

　　下面这段文字就是 ChatGPT 为《元宇宙大革命》一书生成的推荐语，大家来感受一下效果。

　　新书《元宇宙大革命》为我们提供了一个全新的视角，探讨了人类未来的可能性和挑战。本书作者在对元宇宙这一新兴领域进行深入研究的基础上，提出了许多重要的思考和见解。

　　本书首先系统地介绍了元宇宙的概念、基础技术和主要应用场景，为读者提供了一个全面的认识。在此基础上，本书进一步讨论了元宇宙的社会和文化影响，以及其对人类未来的可能性和挑战。本书作者不仅从技术角度阐述了元宇宙的重要性，还从社会学、哲学、文化等多个角度探讨了其意义和影响，使读者深入理解了元宇宙的复杂性和多维性。

　　本书不仅涵盖了元宇宙技术本身的许多重要问题，还深入探讨了与元宇宙相关的其他学科和领域，如虚拟现实、区块链、人工智能等。这些主题为读者提供了一个全面的背景和视角，能帮助他们更好地理解和掌握元宇宙技术的本质及价值。

本书作者在深入探讨元宇宙技术的同时，还充分考虑了人类未来的发展和需求。他特别强调了人本主义和可持续发展的理念，认为元宇宙技术应该为人类创造更多的机会和福利，而不仅仅是追求技术本身的发展。这种人本主义的思想为本书增加了更深层次的人文内涵，使其更具生动性和感染力。

总之，新书《元宇宙大革命》是一本具有学术高度和生动性的杰作。它不仅提供了有关元宇宙技术的前沿知识，还探讨了元宇宙技术对人类未来的影响和挑战。无论您是对科技和未来充满好奇心的读者，还是对人类文化和价值观的探索感兴趣的学者，本书都值得一读。我强烈推荐本书给所有渴望了解未来和探索人类意义的人。

特别需要指出，在 ChatGPT 输出这些文字之前，除了我提出的问题，我并没有给它任何输入，所有输出完全依赖它的创造力。结果是惊人的，这段文字中没有任何纰漏，逻辑严谨，基本上反映了书的特点。当然，由于它确实没有读过《元宇宙大革命》这本书，所以这份推荐语缺乏具体的内容细节，个别说法也与书中有所出入，但作为一份营销材料已经足够了。

微软已经把 ChatGPT 整合到搜索工具 Bing（国内称为必应）中，即 New Bing（新必应）。New Bing 并没有将传统的搜索引擎功能和 ChatGPT 融合，而是做了一个整合。用户可以在聊天窗口输入问题和任务需求，也可以通过菜单进入搜索窗口。同时，用户在提问时可以选择是更富有创造力的回答，还是更精确的回答，或者平衡二者的回答。另外，在 New Bing 的回复中，增加了信源的信息，用户可以进一步对内容溯源。整合 ChatGPT 的 New Bing 使用界面如图 5-3 所示。

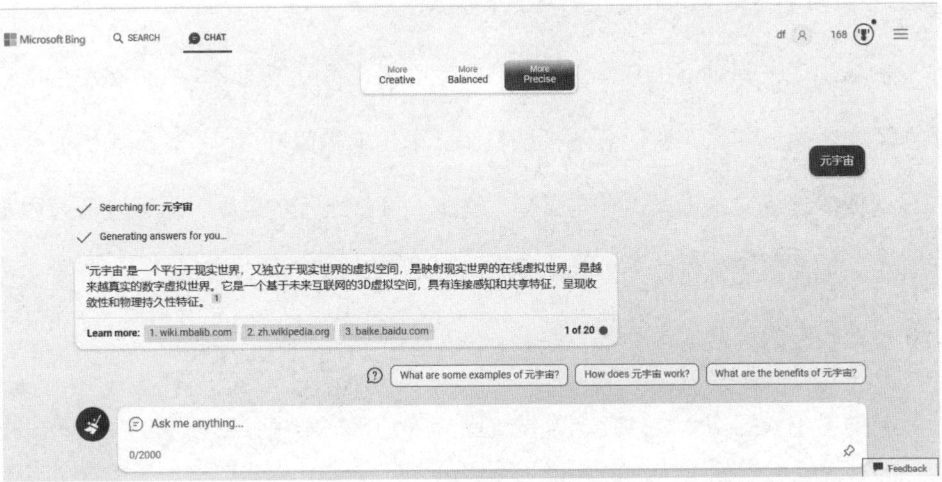

图 5-3 New Bing 的使用界面

2023 年 3 月，微软宣布将 ChatGPT 植入其影响全球的核心产品 Office 套件中，发布全新的办公软件 Microsoft 365 Copilot。现在，撰写文本、讲稿、表格、文案、邮件等常见的内容生成工具开始被生成式 AI 赋能，成为强大的智能新工具，以撰写文字为主的白领工作者的生产力一下子得到大幅度提升。而团队协作和聊天应用功能也被无缝整合到办公软件套件中，成为新的生产力。差不多同时，OpenAI 公司也宣布 ChatGPT 引入插件功能，支持第三方插件，成为其他应用软件的门户和操作系统。可以预见到，未来文本生成工具将无处不在，成为最基本、最重要、最普遍的新生产力。

除了 ChatGPT，还有一些其他的有自身特色的文本生成工具，如 Copy.ai、文心一言等。尽管这些工具之间存在一些差异，但在大语言模型的层次上，基本上没有大的差异。

📋 图像生成

图像生成主要是指由文本生成图像，或者由图像生成图像、在图像中生成和添加文本。相应的人工智能算法模型要比文本生成稍微复杂一些，因为图像生成不仅需要能理解文本语义，还需要建立文本和图像之间的联系，最后生成高质量的图像。如前所述，目前先进的图像生成模型是自然语言理解模型、图像生成模型、扩散模型的结合。

目前常见的图像生成软件都是文生图，就是用户给出预期图像的关键词，由软件生成高质量的图像。典型的代表性软件有 Midjourney、DALL·E2、Stable Diffusion、文心一格、Imagen 和 Muse 等，这些软件生成图像的效果各有特色，但其背后的模型实质上大同小异，其中 Midjourney 的效果最为突出。下面我们主要介绍 Midjourney、DALL·E2 和文心一格。

Midjourney 是 2022 年面世的一款绘画软件，据称是受到 DALL·E2、Stable Diffusion 等图像生成软件的影响。这个软件的核心功能是基于文本提示生成图像，但因为生成图像的质量更好一些，所以在很短时间内就引起了巨大的轰动。由它创作的作品《太空歌剧院》（见图 5-4）在 2022 年的科罗拉多州博览会艺术比赛中战胜人类画家而获得冠军，引起了关于人工智能算法是否符合画画伦理的广泛争议，也因此让这个软件广为人知。

DALL·E2 是 OpenAI 公司的杰作，比 ChatGPT 发布的时间更早，但没有引起太大的轰动。DALL·E2 的前身是 DALL·E，DALL·E 在 2021 年就已经被推出来了。DALL·E 是基于大语言模型训练的图像生成软件，它是基于文本生成图像领域的早期引领者。OpenAI 公司的大语言模型 GPT 系列取得了较大的进步，这成为 DALL·E 的重要基础。自然语言理解模型和图像生成模型、扩散模型的结合使 DALL·E2 具有强大的图像生成能力。微软将 DALL·E2 整合到它的 New Bing 工具图像创建器（Image Creator）中，用户登录微软账号并进入 New Bing 就可以试用它。图 5-5 就是我用这个软件生成的图像，看起来真实感很强。

图 5-4　人工智能画作《太空歌剧院》（数据源于 360 百科）

图 5-5　用 DALL·E2 生成的图像（输入的文本包括中国、山村、少年、放牛等）

　　文心一格是百度公司开发的文生图软件，在微信小程序中就可以操作。文心一格对应的大语言模型叫作 ERNIE-ViLG，该模型训练过 1.7 亿个图文数据对，具有双向图文生成能力，既能够文生图，也能够图生文。文心一格的使用界面非常简单，用户登录后，在提示框中输入关键词，选择图像尺寸，添加参考图就可以生成四幅预览图。如果用户希望进一步提高分辨率，则可以选择一幅或多幅预览图进一步生成更高分辨率的图像。用文心一格生成的图像具有鲜明的中国风，这是与其他图像生成软件不同的地方。输入与前述 DALL·E2 一样的关键词，用文心一格生成的图像如图 5-6 所示。

图 5-6　用文心一格生成的图像（输入的文本包括中国、山村、少年、放牛等）

　　文生图一类的图像生成软件实现了文字到图像的模态转换，让原来冷冰冰的文字变得更加生动和多彩。随着模型的不断进化，未来生成的图像质量一定会越来越好。原来需要画师才能完成的工作，现在已经被人工智能程序轻松取代了。

📑 视频生成

如果文本生成只是能够生成剧本、脚本和宣传文案，图像生成让文案和海报变得直观和丰富多彩，那么视频生成技术的发展，则可能让电视剧、电影、广告、短视频、游戏等行业发生颠覆性的改变，一个人人都是导演、没有演员的时代开始了。所谓视频生成，是指基于文本、图像、视频输入，利用人工智能算法自动生成高质量的视频内容的技术、应用和过程。

视频生成主要有两种方法：一种是基于规则的方法，另一种是基于深度学习的方法。基于规则的方法是一种传统的视频生成方法，即通过预先设定的规则和算法来生成视频。这种方法需要先对视频的各种元素进行分析和建模，然后用计算机程序来实现。例如，我们可以先根据电影理论来定义和限制视频的节奏、画面构图、配乐等元素，然后使用计算机程序来自动生成视频。基于深度学习的方法是一种新兴的视频生成方法，即利用深度学习模型来模拟人类创造视频的过程。这种方法不需要事先设定规则和算法，而是通过算法模型学习大量的视频数据来生成视频。要利用第二种方法生成视频，让深度学习模型学习大量的视频数据是基础，尤其是视频的各种元素，如画面构图、配乐、色调等。这个过程与其他深度学习模型的学习过程没什么差别，就是在学习中不断调整参数，最终达到模型的最佳效果。而在生成阶段，与文本生成、图像生成等模型类似，只要输入一些文本、图像、视频等，模型就能够生成新的视频。

曾经参与开发 Stable Diffusion 模型（图像生成的扩散模型）的 Runway 公司是视频生成领域的典型代表。它成立于 2018 年，是一家做人工智能视频编辑软件的公司。Runway 公司开发的 Gen-1、Gen-2 是视频生成领域的代表性产品。尤其是 Gen-2，比它的一代产品 Gen-1 的功能更加强大。Gen-1 主要在原视频上进行开发，Gen-2 除了实现根据文本生成视频，还能够实现根据文本加图像生成视频，将图像转换为视频，视频风格改变、掩码、渲染、个性化自定义等。只需要输入一些文字和图片，就能够生成逼真的全新视频，这一能力在未来可能会让导演和演员失业。除了这些，Runway 公司还开发了一系列工具来帮助用户完成视频制作，如图像翻译、图像分割、图像修复、图像转换、语音合成、语音识别、视频合成。综合各种媒体报道的观点，Gen-2 被认为是市场上最好的用文本生成视频的软件。

除了 Gen-2，2022 年 10 月 Meta 公司发布了一个视频生成工具 Make-A-Video。它支持从一段文本到视频的生成，也能够把静态图片转换为连续的动态图片和视频，还可以把额外的创意添加到已有视频中。几乎同时，谷歌公司也发布了两个视频生成工具 Imagen Video 与 Phenaki。Imagen Video 可以生成 1280px×768px、每秒 24 帧的高清晰片段，其核心技术是串联多个能够支持文本生成图像的扩散模型。Phenaki 则宣称具有生成任意时间长度的长视频能力，如依据 200 个提示词生成 2 分钟以上的长视频。

2023 年 3 月，中国的阿里巴巴达摩院对外发布"文本生成视频大模型"，宣称能够支持由文本到视频的生成，并开始小范围开放测试。从发布的信息来看，其生成的视频长度为 2~4 秒，等待时间在 1 分钟以内。虽然功能能够实现，但视频的真实度、清晰度及长度还有待进一步提升。

视频生成比文本生成和图像生成面临的挑战与困难更多一些，各个产品都处于早期探索期。目前来看，这个领域是竞争较为激烈的 AIGC 发展前沿。前面介绍的这些工具已经打开了这个领域的大门，随着技术的不断进步和模型训练的逐渐增多，更高质量、更长长度的视频生成应该不是问题。如果这一图景实现，则电视剧、电影、广告、短视频、游戏等行业将变得完全不同，媒体行业也将被全面洗牌。

📃 音乐生成

在音频生成领域，把文字转化成声音输出已经比较成熟了，而基于文字生成音乐则是人工智能生成领域的前沿应用。基于深度学习算法，人工智能程序能够模仿音乐家的风格，创造出全新的音乐，这些音乐可以作为电影、短视频、游戏或广告的配乐，这就是我们这里要讨论的音乐生成。

在实现方式上，音乐生成与视频生成类似，也可以分为基于规则的方法和基于深度学习的方法。基于规则的方法是一种传统的音乐生成方法，即通过预先设定的规则和算法来生成音乐。这种方法需要先对音乐的各种元素进行分析和建模，然后用软件来实现。例如，我们可以先根据音乐理论来定义和限制音乐的节奏、和声、旋律等元素，然后使用软件来自动生成音乐。基于深度学习的方法是一种新兴的音乐生成方法，即利用深度学习模型来模拟人类创造音乐的过程，通过学习大量的音乐数据来生成音乐。其实现过程有两种方式：第一种方式是用大量的音乐数据训练模型，让模型掌握音乐的各种元素，如节奏、和声和旋律等；第二种方式是基于文本信息或音乐信息输入，利用模型生成音乐。当前所说的音乐生成主要是指第二种方法，即基于深度学习模型来生成音乐。

OpenAI 公司基于 GPT-2 模型开发的 MuseNet，就是一个典型的音乐生成系统。它可以用 10 种不同的乐器生成大约 4 分钟的音乐作品，支持钢琴、交响乐、摇滚乐、爵士乐等各种类型的音乐。它不是按照人类对音乐的理解进行编程的，而是基于深度学习模型学习大量的 MIDI 音乐，掌握并理解节奏、和声、旋律等音乐元素，最终拥有音乐生成能力。因为它是计算机程序，所以它不会局限于各种音乐流派，而是能够从不同的音乐流派中学习，并创造出新的独特音乐。现在，MuseNet 被整合到 ChatGPT 中，当用户让 ChatGPT 生成一段音乐时，ChatGPT 会把 MuseNet 调用出来完成这个任务。例如，用户让 ChatGPT 生成一段钢琴曲，MuseNet 就会被调用出来生成一段 MIDI 格式的音乐文件，用户可以把文件复制下来在钢琴软件中播放。

Riffusion 是一个非常特别的用文本生成音乐的工具。它巧妙地利用了音频频谱图（用 X 轴表示时间、Y 轴表示频率内容的一种音乐视觉化方式），把用文本生成音乐的任务转化成用文本生成频谱图像的任务，因此就可以使用通常用来生成图像的 Stable Diffusion 预训练模型进行微调，从而实现音乐的生成。Riffusion 支持多种不同的音乐风格，包括古典、流行、摇滚、电子等，因而可以给用户提供更多选择。而且，Riffusion 支持将生成的音乐作品导出为 MP3 格式的文件，方便用户进行后续的编辑和处理。

网易天音是中国互联网巨头网易公司开发的音乐创作平台，通过深度学习算法来帮助音乐人快速制作音乐作品。用户登录平台后，首先要注册为音乐人，然后才能开始创作。网易天音支持用文本生成音乐，即输入一些提示词（平台称为输入灵感），就可以生成歌曲和纯音乐。用户也可以在编辑音乐界面进行深度编辑，如编辑旋律、换伴奏、改歌词、歌声合成等。最后生成的音乐作品，还可以下载下来，进行后续管理和加工处理。

📖 代码生成

代码生成也可以称为自动编程，即在人工智能算法模型训练的基础上，算法工具能够自动生成软件代码。业界普遍认为，接近完美的代码自动生成将大量代替低端编程工作，让软件行业的新加入者失业。在文本生成领域表现极佳的ChatGPT，同样在代码生成领域表现突出。除此之外，DeepMind 公司开发的AlphaCode 在代码生成领域的表现也不错。

在推出 ChatGPT 之前，OpenAI 公司基于 GPT-3 模型，经过微调训练出一个专门生成代码的工具，即 OpenAI Codex。这个代码自动生成工具能够理解代码的上下文和语言结构，并生成符合逻辑和语法的代码片段。很重要一个特点是，OpenAI Codex 建立在理解人类自然语言的基础上，这就使用户只需要输入人类的自然语言，就能够完成代码生成，而不需要手动编写任何代码。自动编写代码的能力不仅可以用来编写新程序，还可以用来完成代码补全、代码审查、代码修正等任务。

ChatGPT 不仅集成和整合了 OpenAI Codex 的强大自动编程能力，而且带来了其他方面能力的提升。它在训练时不仅学习了大量的文本数据，还学习了大量的软件程序，结果不仅提高了系统的自然语言处理能力，而且带来了逻辑推理能力的跃升。一些研究认为，ChatGPT 之所以具有强大的思维链推理能力，应该与从软件程序中学习有着紧密的联系。原因显而易见，因为软件本身就是人类独特思维逻辑的产物。整体来看，ChatGPT 本身已经具备了强大的代码生成能力，能够支持多种编程语言，如 Python、Java、JavaScript、Go、C++等。我做了一个小测试，在提问窗口让 ChatGPT 生成一段网络爬虫的代码，它只用几秒就生成了一段基于 Python 语言的简单网络爬虫代码。我把这段代码放在这里，大家可以看看效果如何。

```python
import requests

from bs4 import BeautifulSoup

# 设置请求头

headers = {

    "User-Agent": "Mozilla/5.0 (Windows NT 10.0; Win64; x64) AppleWebKit/537.36 (KHTML, like Gecko) Chrome/88.0.4324.182 Safari/537.36"

}

# 设置目标网页链接

url = "https://www.example.com"

# 发送 GET 请求并获取网页内容
```

```python
response = requests.get(url, headers=headers)

html_content = response.text

# 使用 BeautifulSoup 解析网页内容

soup = BeautifulSoup(html_content, "html.parser")

# 获取网页标题

title = soup.title.string

print("网页标题：", title)

# 获取网页正文

text = soup.get_text()

print("网页正文：", text)

# 获取所有链接

links = []

for link in soup.find_all("a"):

    href = link.get("href")

    if href is not None:

        links.append(href)

print("所有链接：", links)
```

除了 ChatGPT，DeepMind 公司开发的 AlphaCode 工具也是一个强大的自动编程系统。这里提到的 DeepMind 公司，就是曾经开发出阿尔法狗而轰动世界的那家公司，虽然它没有开发出 ChatGPT，但在自动编程领域也毫不逊色。与 GPT-3 模型相似，AlphaCode 也是在 Transformer 模型的基础上训练出来的。但其侧重点与 GPT-3 强调语言生成不同，它强调顺序文本的解析，代码就是一种典型的顺序文本。据新闻报道，在相关媒体组织的编码挑战比赛中，AlphaCode 达到了与人类普通开发者相媲美的程度。

如果人工智能程序能够自动生成新的程序，循环往复，那编程工作将彻底突破人类体力的极限，世界将迎来代码大爆炸。一个智能程序定义一切、一切被智能程序定义的时代或许真的会来临。

受制于文字限制，这一节介绍的文本生成、图像生成、视频生成、音乐生成、代码生成只是 AIGC 的一小部分。未来，人工智能很可能将无处不在，甚至席卷一切，AIGC 改变世界的进程将持续加快，人类的工作和生存方式将以不可逆转的方式发生颠覆，每个人都需要为这一刻的到来做好准备。

3. AIGC 的实质是生产力革命

AIGC 的实质是一场多维度的生产力革命。从短期来看，这场革命将直接颠覆媒体行业。而从长远来看，这场革命将改变各个行业的形态，重塑人与人之间的社会关系和生产关系，人人都是创造者的景象将会实现，基于数字化技术的"数字共产主义"也会渐行渐近。

📑 生产力革命

AIGC 是数据生产力、工具生产力和意识生产力的三重革命。

随着社会各个维度数字化的深入，数据被公认为是最为重要的生产要素，利用数据来优化和改进生产活动、降低生产成本、提升生产效率、进行广泛的创新，已经成为人类世界重要的价值创造活动。人工智能算法在训练过程中不仅极大化地利用了数据中存在的离散价值，还把异构知识背景下产生的知识聚合连接在一起，产生了强大的数据累积价值、生成性价值和涌现价值，并把这些数据价值隐含在模型参数中，最后在模型利用（AIGC）过程中将这些价值释放出来。简单来说，离散数据是有价值的，而聚合连接的数据具有更大的价值，这些价值及其能量最后都融汇在生成式 AI 模型中，展现出强大的内容生成能力。因此，在基础层面，AIGC 的强大能力来源于人类以往所积累数据内在生产力的释放。简单来说，AIGC 带来的改变是数据生产力发挥作用的结果，AIGC 本身与数据生产力革命等价。

马克思曾经说过，人与动物的显著区别是人会制造和使用工具。进入人类社会以来，生产工具一直是重要的生产力组成部分。人类社会的每次跃迁式变化都与生产力变革紧密联系在一起，当然也与生产工具紧密联系在一起。不同的生产工具代表着不同的生产力水平，也最终决定着不同的人类社会形态。农业时代的生产工具是手工打造的锤子、斧头、镰刀等手工工具，第一次工业革命让蒸汽机驱动的机械成为主要的生产工具，第二次工业革命则让电动机等生产工具登上历史舞台，第三次工业革命则让自动化流水线成为主要的生产工具，智能工厂、智能机器则是第四次工业革命的主要生产工具。现在，生成式 AI 正在成为主导性的生产工具。人们基于生成式 AI 生成内容，并进一步基于生成的内容驱动社会运转。例如，基于 AIGC 传播内容，基于 AIGC 组织工业生产，基于 AIGC 开展医疗活动。因此，AIGC 本身也意味着生产工具的革命，全新的生产工具——生成式 AI 登上人类社会舞台。

AIGC 的快速发展使人类大量的体力劳动被代替，很多人说未来人们将面临失业的风险。但事实上，AIGC 会让人类的体力劳动占用的时间更少，而让人类的脑力劳动占据生活、工作的重要部分。人和机器将重新分工，在创造力领域，独一无二的人类意识仍然会发挥决定性的作用（这种作用可以称为意识生产力），而自动化机器将普遍代替人类的体力劳动，其实质是生产力的进步。这种进步意味着人们只需要花更少的时间就能够创造出更多的价值。大众所讨论的人类失业问题，其实质不能归罪于生产力的进步，而是资源和财富的分配方式没有适应生产力进步的结果，我们要改变的是资源和财富的分配方式，而不是让生产力止步不前。简单来说，未来人类社会在固定场所（如工厂）的体力劳动必然会大幅度减少，我们不能继续按照旧有的逻辑来分配资源和财富，而是要按照意识生产力逻辑来重新分配。必须认识到，人们不是失去工作，而是失去像以往那样的工作。另外，基于人工智能技术在其他方面的进步，如数字虚拟人、机器人等，人类的个体意识可以摆脱肉体的束缚，被学习和复制很多份，用数字虚拟人、机器人来代替人类创造价值，意识生产力将进一步被放大。总体而言，AIGC 也意味着意识生产力的胜利。

📄 人人都是创造者

在"创客"这个概念刚刚兴起时，人们就欢呼人人都是创造者的时代终于到来。现在来看，那时候的人人都是创造者更像一种理想化的宣示，而不是实际发生的事实。

基于 AIGC，一个真正的人人都是创造者的时代开始了。前面讨论了 AIGC 使每个人都能很方便地创造内容，从而颠覆媒体行业。但需要认识到，人人都是创造者并不局限于媒体行业，而是涉及人类社会中每个行业、每个人的未来。

AIGC 能够快速生成文本、图像、视频、音频、代码，与这些内容相关的职业边界被打破，每个人有了更多的选择，可以快速转换职业，成为自己希望成为的人。例如，以往的办公室文员可以把自己的职业转换为小说家、编剧、画家、音乐家、电影导演、3D 模型设计师、建筑师、短视频生产者、游戏制作者、广告设计师，甚至是程序员。而且，这种职业转换可以连续发生，每个人在一生中可以从事多种完全不同的工作，甚至在人生中的某一时刻完成不同内容的工作。生产力革命带来的进步，让每个人都变成更加自由的创造者，做自己喜欢做的事情，在创造中自我成就，在自我成就中获得需求的满足。

2012 年，克里斯·安德森在其撰写的《创客：新工业革命》一书中描绘了一幅创客化世界的景象："世界各地的工厂敞开了大门，向拥有数字和信用卡的普通人提供基于互联网的按需制造服务。如此一来，创意新阶层得以进入生产领域，大家可以将自己设计的产品模型转变为产品，却无须自行建立工厂或公司。"但在过去的十多年中，这一景象并没有普遍发生。现在，AIGC 提供了前所未有的创业空间，任何有创业想法的人，只要凭借他的独特创造力，再加上一个能够接受数字支付的账户，就可以成为一位创业者。大量的生成式 AI 系统就如同克里斯·安德森提到的工厂，向每个人敞开了大门，人人创造、人人创业的前景已经清晰可见。现实中的工厂被遮挡在生成式 AI 系统的后边，成为更低层级的操作对象。生成式 AI 系统越来越像一个个操作系统，人们在其上生成内容，同时也在操纵整个世界，创造价值和财富。

人人都是自由决定一切的创造者，这也是马克思很早就预言过的人类未来：随着生产力的巨大进步，人类的物质生产将极大丰富，人类将获得极大的自由，未来的社会将是自由人的联合体。从某种意义上说，AIGC 正在把人类引向一个未来——基于数字化技术的"数字共产主义"。

第六章

生成性与涌现

伴随生成式 AI 和 AIGC 爆发的还有一系列未解之谜！解开这些谜团或许能够有助于人类掌控和充分利用这种新生产力。

生成式 AI 的生成性从何而来？仅仅是模型算法的设计巧妙吗？开发出来生成式 AI，就一定导致创新和创造的生成性吗？人类在让生成性成为生成性的过程中发挥了什么作用？生成式 AI 模型在训练大量数据后逐渐稳定模型参数，最后形成了一个可以用来解决内容生成问题的模型，而模型参数不断调整并逐渐稳定的过程是系统的自组织行为，还是应该归功于人为控制的结果？以生成式 AI 为代表的大模型被研究者发现具有小模型不存在的涌现能力，这种能力从何而来？为什么大模型会拥有很强的思维链推理能力？

这里列出的几个问题只是关于生成式 AI 和 AIGC 大量待解谜团中最为基本和重要的。一些研究者已经试图解释这些问题，但还没有达成共识。而更加尴尬的是，大模型的开发者通常自己也无法解释模型的涌现能力从何而来。

当在生成式 AI 的相关研究中看到生成、自组织和涌现等概念时，我立刻联想到此前接触的复杂经济学、平台生态等理论，这些理论中同样有前述概念。如果我们把不同学科背景的相同概念做一些类比，或许就可以在一定程度上解开生成式 AI 和 AIGC 的相关谜团。

1. 复杂经济学

要说清楚复杂经济学，就要从复杂性科学说起。

复杂性科学

复杂性科学是 20 世纪 80 年代才开始兴起的一门新兴科学，研究问题包括两个方面：系统中的个体要素如何通过相互作用而形成或适应整体模式；整体模式又如何反作用于个体要素，导致要素发生一些变化。复杂性科学聚焦研究系统的非线性、不确定性、自组织性和涌现性等方面的问题，其中的研究核心是为什么复杂系统中会产生自组织性和涌现性。自组织性就是一个系统在没有外部控制者的情况下会自发形成类似有组织的行为；而涌现性则是指在系统微观的个体层面的规则都非常简单，但在个体局部相互作用并最终构成系统整体的时候，在系统层面突然出现了一些个体层面不存在的新属性和新规律，这些新属性和新规律完全无法从个体层面进行预测。

　　自从复杂性科学出现以后，人们利用它在不同领域开展了大量研究。而且越深入研究，人们在复杂性方面发现的新属性、新规律就越多，这吸引着越来越多的人投入其中。一方面，人们试图利用复杂性科学的思想来解决不同领域的问题；另一方面，人们在研究中不断发展和丰富复杂性科学的知识体系。比如，探究人类大脑如何思维——微小的脑部神经元细胞，以及它们看似简单的电信号传递和化学信号传递为什么会导致抽象思维、情感、创造性、意识的涌现；探究蜂群、蚁群等生物为何在无组织的情形下形成自组织性；探究互联网世界中的信息传播规律——互联网中一个普通的个体发布的一小段信息为何会在网络中掀起惊天风暴。当然，复杂性科学也会用来研究本身就很复杂的人类经济活动，布莱恩·阿瑟就在这个方向进行了深入研究，并开创了一门交叉融合的新学科——复杂经济学。

复杂经济学的基本观点

　　简单来说，复杂经济学就是一门专注于研究复杂经济现象的学科，主要关注经济系统的复杂性和非线性特征，以便让人们更好地理解经济系统的演化机制。在复杂经济学中，经济系统被认为是一个复杂的、自组织的系统，由许多相互作用和反馈的机制组成。这些机制不断地推动着经济系统的演化，从而促进各种涌现现象的发生。经济世界中存在着大量的涌现现象，如突然爆发交通大堵塞，股市的大幅度波动，金融危机的爆发，某一种数字经济形态突然出现，局部的微小技术创新最终导致经济范式的转移。还有最近的 ChatGPT 风暴，它为何突然兴起，后续又会如何改变人类的经济活动，这些问题都可以归结到复杂经济学领域。

📑 经济活动中的涌现

经济活动中的涌现，即在无人控制和设计的情形下，个体微观行为相互作用，最终在宏观层面呈现出全新的行为和性质。在复杂经济系统中，许多个体通过相互作用形成了复杂的网络结构，从而呈现出复杂的宏观行为和涌现现象。我们可以利用这一现象来分析大语言模型中涌现能力的来源。大语言模型中的知识涌现与复杂经济学中的涌现现象有些类似。我们可以认为在大语言模型中，许多离散的个体单元通过相互作用形成了复杂的多维度系统，因此能够实现复杂的语义表示和知识涌现。

2. 平台生态

在互联网世界，已经发展出了大量的网络平台，如微信、微博、京东商城、淘宝、抖音、美团、滴滴、爱奇艺等，尽管其主营业务和商业模式各不相同，但它们一起构成了数字经济中最为活跃的组成部分。每个平台都以平台主导者为核心，构成了包括主导者、互补者和参与者的一个平台生态系统。

📑 平台生态是什么

从市场视角来看，平台就是一个多边或双边市场。从创新视角来看，平台生态是一个由松耦合分层模块化技术组件和大量异构知识资源的创新者构成的创新资源网络。无论是哪种视角，平台中都存在着直接网络效应和间接网络效应，使平台生态成为吸引大量用户参与的旋涡中心。直接网络效应就是参与者获得的价值与同类参与者群体的规模正相关，同类参与者越多，参与者获得的价值就越大。间接网络效应就是参与者获得的价值与另一类参与者群体的规模正相关，不同类参与者越多，参与者获得的价值就越大。由于网络效应的存在，因此平台生态规模的增长并不完全受制于平台主导者，也受到同类参与者或不同类参与者之间自组织因素的影响。

平台生态中的生成性

平台生态中存在一种被称为生成性（自发创造性）的特性，这种特性使平台生态系统能够自发变化和成长。平台生态中的生成性源于两个方面：平台生态聚集了大量异构知识背景、多样性的参与者，他们的自发意愿驱动了平台的生成性；平台的模块化技术组件和基础设施允许参与者个人、群组或组织共同创建内容、应用和服务，使生成性成为可能。从具体表现来看，平台生态中的生成性是复杂的，包括参与者自发生成内容、参与者自发生成数据、参与者自发生成社交关系、参与者自发创新或参与共创价值。另外，平台在一定程度上开放更多共享资源可以增强生成性。显而易见，生成性蕴含了自组织过程和结果双重含义，而且比自组织的意义更加明确，强调在平台生态中，天然具有不断创造新价值的能力。

平台生态中的生成性与其自身的技术设计、管理规则紧密联系在一起，参与者在获得各种便利的同时，也会受限于平台生态自身的技术设计和管理规则。而平台主导者为了使自身的价值最大化，会通过技术设计和规则设计（如技术资源的利用规则、不同参与者的不同权限设计）来平衡各方的利益诉求。在这些因素的影响下，平台生态中的生成性并不是无限的。

📋 平台生态中的涌现

由于大量生成性活动的存在，再加上网络效应的加持，平台生态中出现涌现现象也就毫不奇怪了，爆款内容、爆款产品、网络红人等现象都可以认为是涌现的结果。常见的病毒式营销就利用了平台生态中的涌现，每个人只是简单地做了一个转发操作，最后形成了巨大的市场营销效果。另外，在平台生态中还会涌现出大量网络社群，如微博超话、微信群，以此为基础形成强大的舆论影响力和话语权，参与者能够从社群话语权中获益。比如，社群中很多人在采购同一款商品时，就可以利用话语权来增强与供货商的议价能力，从而获得商品降价的好处。

这里讨论平台生态中的生成性、涌现现象，目的不是科普平台生态，而是希望这些讨论能够帮助大家理解生成性和涌现能力的一类源头，进而为理解生成式 AI 系统的生成性和涌现能力提供参照物。

平台生态中的生成性和涌现现象能够通过复杂经济学理论得到很好的解释。即在无人控制的情形下，平台参与者以技术平台为基础和空间形成了一个复杂的社会化、网络化生态，异构知识的个体参与者之间相互作用，最终让平台生态在整体层面拥有了生成性和涌现能力。在平台生态中，大量异构知识的参与者是平台生态具有生成性和涌现能力的关键源头，技术平台只是提供了生成性和涌现能力发挥作用的虚拟场所。

生成式 AI 的生成性、涌现能力与平台生态是不同的，它更加依赖技术系统本身的复杂性，以及训练数据的多样性和规模，人的异构知识在模型训练过程中被引入模型中，成为生成性和涌现能力的潜在源头。由于大语言模型并不是动态实时训练的，因此生成性和涌现能力并不是持续变化的，而是呈现阶梯式的跃升。比如，从 GPT-1 到 GPT-4，相应的生成性和涌现能力处于不同的阶梯平面。

3. 生成性

通过前面两节的讨论，我们认识到生成性是一个很重要的概念，是驱动复杂经济系统和平台生态不断演化、发展的关键内在力量。生成性在组织形式上强调不被控制的自组织，在过程上强调利用已有技术资源进行创新、创造，在结果上强调创造出新的产出（如新产品、新方案、新关系、新数据等）。

生成式 AI 概念中的生成性，主要强调系统能够生产出类似人类智慧创作的内容。只要能生产出来就好，至于能不能超过人类的能力，其实并不重要，因为相对于过去机器不能自动生成内容来说，这已经是非常大的进步了。从这个角度来说，它与平台生态的研究文献中所说的以自发创造为内核的生成性还是不同的。

生成式 AI 的生成过程是以人的提示为中心的创造活动，过程本身并不是完全自发的，而是受制于人的特定任务需要。但从具体创造的内容来看，生成式 AI

具有强大的涌现能力（此处的含义不是指大小模型的比较，而是指创新层面的，即生成预料不到的新内容），可以生产出超越人类想象的结果。自发创造能力和活动隐藏在具体的创作细节中，相信通过模型的不断学习和改进，可以将创作细节完成得更好。也就是说，生成式 AI 表面上受制于人的控制，但生成性并没有消失，而是隐藏在细节中。相当于说，人类知识刻画了轮廓线，其中细节补全部分的好与坏完全取决于生成式 AI 的生成性。总体来看，生成式 AI 的生成性源于神经网络模型的复杂程度，也与训练数据的多样性和规模相关，恰恰与人输入什么提示词的关系不大。

无论是文本、图像、音视频生成还是代码生成，都有生成性因素在里边，而且生成性因素在模型训练完毕时就已经基本形成了。随着模型的不断升级，这种技术层面的生成性也会不断增强。这种以自发创造为关键特点的生成性才是 AIGC 的魅力所在，能吸引更多人参与进来使用这些工具。而更多的异构知识者参与 AIGC 活动，就会触发平台生态层面的生成性，从而加速整个社会的进步。生成式 AI 拥有技术层面的生成性，而 AIGC 平台拥有平台生态层面的生成性，两种生成性叠加，将形成强大的生产力。众多 AIGC 创作工具和创作者汇聚形成生态，社会和经济层面的涌现现象将更加频繁地发生，社会将加速进步。

4. 知识涌现

大量研究已经表明，大语言模型在达到一定门槛值之后会出现小语言模型不具有的独特能力，这种现象通常称为大语言模型的涌现能力。具体表现为，模型生成的内容更加流畅、完美，更加契合人类需求。但大语言模型何以会涌现？并没有人能说清楚。我们将复杂经济学作为一个理论透镜，用它来分析一下大语言模型产生涌现能力的可能原因。

在大语言模型（图像生成和视频生成模型类似）中，虽然开发者设计了深度神经网络的层次和基本结构，但模型最终的参数权重并不是设计出来的，而是模型学习的结果。在没有人类介入的预训练阶段，模型参数的不断调整过程可以被认为是模型中神经元节点之间关系的自发性形成，或者说是自组织过程。而在大语言模型微调阶段，人类介入主要是为了确保模型的输出与人类价值观对齐，而不是从根本上修改预训练的结果。神经元的自组织过程实际上还在持续发生，以适应微调的要求。微调事实上也可以理解为大语言模型适应外部环境、模型中每个神经元节点适应整个系统的过程。另外，大语言模型的训练数据来源广泛，是由无数的个体在不同情境下产生的，在模型训练过程中，相当于把不同个体的语言和知识连接在一起，让它们相互作用，并通过反馈机制来不断调整个体语言和知识的作用关系，最终在系统整体层面具有强大的自然语言理解和处理能力。从总体上讲，大语言模型在训练和发挥作用的过程中既涉及神经元节点之间的网络化复杂作用机制，也涉及语言和知识背后的个体之间的网络化复杂作用机制。

神经元网络和个体间网络均存在于大语言模型中，而且在 Transformer 模型中构建的自注意力机制和多头注意力机制建立了神经元个体与人类个体间（为模型训练提供语言和知识的人类个体）的交叉作用及反馈机制。如果与复杂经济学的相关研究做类比，大语言模型中所有的个体间作用关系和反馈机制的最终结果，就是使其自身在整体上涌现出在个体层面前所未有的能力。这种对个体的能力超越有两重含义：第一，大语言模型的整体能力并不是对所有神经元节点能力的算术累加；第二，大语言模型的整体能力也不是人类个体能力的算术累加。从整体上讲，大语言模型表现出来的最终能力与训练数据量、神经元参数量之间并不是线性对应关系，而是会在临界点之后出现非线性的快速提升。

以 ChatGPT 为例，它已经展现出强大的生成性和涌现能力，这是一个不争的事实。它不是已有知识的搬运工，也不是排列信息的检索工具，它具有一定的自发创造性，能够基于逻辑推理能力，创造出前所未有的知识。大量的新知识将涌现出来，加速人类社会进步。

我让 ChatGPT 写一个方案来验证它自身是否确实产生了知识涌现现象，它给了我一个方案："首先，选取一个特定的主题，将其作为输入，让 ChatGPT 生成对话。接着，将这些生成的对话记录下来，并仔细研究它们。最后，在研究的基础上，比较这些对话中是否包含新的知识，或者是否与该主题有关。如果产生了新的知识，或者与该主题有关，就可以认为 ChatGPT 确实产生了知识涌现现象。"看起来验证过程并不复杂，大家可以按照这种方法试试看。

5. 涌现能力的临界值

一些研究表明，大语言模型只有在一定的计算规模（计算规模通常与模型参数规模相对应）上才能观察到有意义的涌现能力。但大语言模型表现出涌现能力的临界值在哪里？持续提升规模会不会出现更强大的涌现能力？

现有的研究中没有给出答案，复杂经济学、平台生态理论中也没有明确的说法。但结合大语言模型实践和复杂经济学、平台生态理论等相关理论分析，可以明确三个方面的观点：大语言模型的涌现能力与模型的复杂性，或者说参数规模（如果以参数规模表征复杂性的话）有关；大语言模型的涌现能力与训练数据量有关，且与训练数据的异质性来源更加有关；大语言模型的涌现能力与模型内在机制（如自注意力机制和多头注意力机制）有关，它决定了模型在训练中的自组织能力和涌现能力。这三个方面也回答了为什么无法从参数规模和训练数据量来确定大语言模型涌现能力的临界值，因为还有其他更加复杂的影响因素。

换个视角来看，与其研究大语言模型在什么临界点会出现涌现能力，可能还不如研究为何小语言模型没有出现涌现能力（或者说涌现能力表现不明显）更有意义。很多所谓的小语言模型其实并不小，它们拥有 10 亿个，甚至 100 亿个参数。按照复杂性科学的理论，较小的语言模型，只要模型足够复杂，就同样有可能出现涌现现象，只不过主要表现在相对简单的任务上。而随着模型参数规模的增加，如 GPT-2、GPT-3 等超过 10 亿个甚至 100 亿个参数的大语言模型，它们能够表现出更加强大的涌现能力，可以完成更复杂、更具挑战性的任务。正如本章开头所述，复杂性科学的相关研究早就证实，复杂系统一般都具有自组织性、涌现性等特征，语言模型当然也不例外。

第七章

搜索引擎的黄昏

从 20 世纪 90 年代开始，世界上的所有人都面临着前所未有的信息爆炸。互联网的出现，激发了大众创造信息的热情，大量信息在这个世界上出现并得到广泛分享和瞬时传播。在信息爆炸的背景下，人们想找到准确的信息，就必须依赖搜索引擎。从 20 世纪 90 年代到 21 世纪的第一个十年，搜索引擎度过了一段美好的时光，雅虎、谷歌、百度等搜索巨头出现，几乎垄断了整个搜索市场。但从 21 世纪第二个十年开始，随着字节跳动（已于 2022 年 5 月更名为"抖音集团"）等公司的出现，算法推荐信息开始兴起，成了信息主动找人，而不是人找信息。推荐算法有信息茧房的问题，也有信息不充分的问题，尽管对传统搜索引擎造成了一些冲击，但最终结局是二者和平共处。从 2023 年开始，ChatGPT 出现了，它直接超越了人找信息，也超越了信息找人，开始基于大语言模型直接生成整合的内容。也就是说，人们不再需要逐条从搜索引擎或推荐算法中查找信息，再整理成自己需要的文字，而是直接获得最终想要的生成内容。尽管生成的内容还有一些缺陷，但已经超出了多数人的期待。

推荐算法没有击败的搜索引擎，现在真的到生命的黄昏阶段了吗？现在，可以看到微软、谷歌、百度等搜索巨头面临 ChatGPT 的冲击都表现得有些恐慌，纷纷进军大语言模型领域，要么与 ChatGPT 整合，要么选择自主开发。微软的新必应搜索引擎领先一步，选择与 ChatGPT 整合，吸引了大量的关注和使用。谷歌、百度也会这样做吗？未来还会有搜索引擎吗？这些疑问在未来几年都会有答案。

1. 信息爆炸的逆转

▤ 为何重要

随着科技的进步和互联网的发展，人们面对的信息量急剧增加，导致信息过载、信息重复、信息质量参差不齐，人们难以有效获取、筛选和利用信息，这种现象就叫信息爆炸。信息爆炸带来的负面影响可以归纳为以下几个方面。

信息过载：信息爆炸虽然带来了大量的信息，但人们的注意力是有限的，难以有效地处理和利用这些信息，这就会导致信息过载。这种情形会导致人们难以分辨信息的真假、重要性和可信度，进而影响人们对信息价值的评估和决策。

信息碎片化：互联网（尤其是社交网络）中产生了大量的信息，这些信息经过人们的拆分、转发、评论和点赞，呈现出碎片化的特征，人们很难从这些碎片化的信息中获取完整的知识和思想。碎片化的信息也让人们难以沉下心来深入思考，使很多人的思想逐渐变得浮躁和浅薄化。

信息泛滥：信息爆炸使大量低质量的信息进入人们的视野，垃圾信息和误导性信息会扰乱人们的视线，使人们难以找到真正有价值的信息。这些信息的泛滥会对人们的思维和行为产生负面影响，损害人们的判断力和决策力。

信息失控：信息爆炸使信息的产生和传播不受控制，移动媒体和社交媒体等新平台的出现进一步加速了信息传播，使信息失控的可能性进一步增加。这些信息的失控会给社会中的每个人带来很多风险和危害，如谣言、恶意信息等会影响社会稳定和个人安全。

在信息爆炸的背景下，搜索引擎横空出世，在极短时间内成为人们获取信息的主要途径。搜索引擎通过各种算法和技术，将网络上的信息进行整合、筛选和排序，来帮助用户快速、准确地获取所需的信息。搜索引擎普及的好处显而易见，人们能够通过关键词、标签、类别等多种方式快速定位所需的信息，能够高效、便捷地获取信息，而不用花费大量的时间和精力去网站中逐个查找与筛选。搜索引擎的广泛使用促进了信息的共享和传播，在社交媒体出现以前，它事实上是人们最重要的信息交流平台。人们可以通过搜索引擎发现和分享自己感兴趣的信息，也可以通过搜索引擎了解他人的观点和看法。有了搜索引擎，人们终于可以喘一口气，从信息爆炸的旋涡中暂时脱离出来。

媒介学家麦克卢汉提出了著名的媒介定律，认为任何媒介的演化都符合提升、过时、再现、逆转四元律。即任何一种媒介都是因为提升了什么而被引入的，导致一些媒介过时，再现了一个过去曾经被逆转的东西，而任何一种媒介在自身潜力发挥到极点时也会过时，逆转为其他东西。互联网的出现提升了人们获取信息的能力，加速了只能获取有限信息和知识的图书馆、传真机或专家的过时，让个人学习和地球村再现，最后逆转为信息爆炸。现在，搜索引擎提升了信息获取的准确性，促进了信息共享，缓解了信息爆炸的影响，信息爆炸逆转为搜索引擎，让信息索引目录过时，再现了图书馆中的图书检索，最后逆转为推荐算法或聊天机器人。媒介定律还指出，任何媒介在特定时代取得的主导地位都是暂时的胜利，最后会被更新的媒介所取代。

搜索引擎虽然缓解了信息爆炸的影响，但并没有从根本上解决信息爆炸的源头。传播信息的媒体仍然在互联网上大量产生，信息爆炸则在愈演愈烈。人们开始发明出新的方法来应对信息爆炸，近年来大数据、深度学习、推荐算法等技术被引入搜索引擎领域，人们试图通过提升搜索引擎的有效性来应对愈演愈烈的信息爆炸。现在，ChatGPT 及其背后的大语言模型彻底打破了搜索引擎的基本逻辑，它们接受信息爆炸，把信息爆炸的能量转化为模型的能量，并因此成为人们获取信息的新入口。这会是搜索引擎演进的终极方向吗？搜索引擎完全失去价值了吗？好像不是，那么搜索引擎仅是大语言模型能力之外的"备胎"吗？带着这些问题，我们需要进一步了解搜索引擎的原理，看看它与大语言模型有何不同。

📖 如何工作

搜索引擎的任务是先把互联网世界浩瀚的网页信息收集起来，建立信息的索引，然后让用户通过输入关键词查询索引库，最后找到相应的网页，并按照一定的算法对找到的网页进行排序，便于用户在最短的时间内找到最合适的信息。

无论哪个搜索引擎，其基本原理一般都会包括以下四个部分。

爬虫机制：网络爬虫（Web Crawler）是搜索引擎的一种重要技术。搜索引擎通过它从互联网中不断抓取新页面，以保证搜索结果的更新。网络爬虫会遵循一定的抓取策略，按照一定的顺序遍历网页，收集网页中的文本、图片、链接等信息，并将这些信息保存在搜索引擎的数据库中。

索引机制：搜索引擎会对收集到的网页进行处理，建立索引数据结构，以便后续的查询。索引包含网页的标题、摘要、统一资源定位符（Uniform Resource Locator，URL）、内容等关键信息。通常情况下，搜索引擎使用倒排索引（Inverted Index）技术来构建索引，即根据单词或词组来建立索引，而不是根据网页来建立索引。基于这种技术，当用户输入查询的关键词时，搜索引擎可以快速找到与关键词相关的网页。

查询机制：当用户输入查询的关键词时，搜索引擎会将关键词与索引中的网页信息进行匹配，找到与关键词相关的网页。为了提高查询效率，搜索引擎会根据一定的算法和规则对查询内容进行处理与优化。例如，搜索引擎会过滤一些无效的查询词，纠正拼写错误，识别同义词，判断查询意图等。

网页排序：搜索引擎会根据用户查询的关键词、网页内容相关性、网页更新速度、网页点击率、网页质量、网页时效性等综合因素，为用户呈现出搜索结果的排序，并计算相关性权重。在呈现结果时，搜索引擎还会提供摘要、URL、网页快照、相关查询等附加信息，帮助用户更快、更准确地找到自己需要的信息。

搜索引擎的缺陷显而易见。第一，搜索引擎的数据并不是互联网中的完整数据，对于网络爬虫无法访问的网络平台，相应的信息自然也在搜索引擎中无法搜到。第二，用户期望查询的内容往往通过关键词输入来代替，搜索引擎按照关键词来匹配网页，但用户的本意可能在此过程中被搜索引擎忽略，它只是机械地完成任务，导致最终的搜索结果与用户的实际需要相去甚远。如果用户需要更好的结果，则还需要反复更换不同的关键词来搜索，以求获得更好的、更全的搜索结果。第三，最后输出的网页排序可能并不是合理的，甚至附加了搜索引擎公司的商业意图，导致最后输出的网页排序与用户的实际需要不一致。第四，搜索引擎提供给用户的最终搜索结果，即便已经非常合理了，但相比用户的实际需要也只是提供了原材料，用户还需要进一步加工搜索出来的信息才能让这些信息发挥作用。单就最后一点来说，这是搜索引擎从源头开始就无法解决的问题。

搜索引擎的缺陷其实一直都存在，各家服务商也通过尽可能优化算法来改善用户体验。但问题在于，虽然技术有了很大进步，但与搜索引擎的工作原理本身相关的问题至今并没有得到解决。这也为后来的推荐算法和聊天机器人的出现提供了机会窗口。

2. 美好时光

真正的网络搜索引擎是在万维网发明之后才出现的，因为只有世界上有了大量的网页内容，才有了搜索引擎的现实需要。1990 年，在欧洲核子物理实验室工作的英国科学家蒂姆·伯纳斯·李发明了万维网，并开发了世界上第一个网站。万维网以超文本标记语言（Hyper-Text Markup Language，HTML）与超文本传输协议（Hyper-Text Transfer Protocol，HTTP）为基础构建了一个遍布全世界的信息浏览和交互机制。从形式上看，我们看到的是无数个网络站点和网页。无论企业或个人的网络是什么样的，只要连接到互联网，万维网就消除了信息交流的障碍。万维网发明以后，世界上的网站和网页数量迅速增长。1996 年全球网站数量只有10 万个，2006 年超过 1 亿个，2012 年更是达到 5.8 亿个；2000 年年初全球网民数量只有 2.5 亿人，2012 年全球网民数量达到 25 亿人。而近十年中，移动互联网成为主流，大量 App 出现，传统 PC 互联网逐渐衰落，统计网站数量已经意义不大。截至 2022 年年底，全球网民数量超过 49 亿人，其中绝大多数都是移动互联网的网民。1994 年，世界上第一家真正的网络搜索引擎——雅虎成立，此后一直到 2012 年前后（字节跳动成立），可以认为是搜索引擎的美好时光。

从 1994 年到 2000 年是搜索引擎的初创时期，世界上知名的搜索引擎公司基本上都在这一时期成立。1994 年，雅虎成立，它开创了基于目录的搜索方式，也能够排序网络上的资源。1996 年，至今在搜索引擎市场仍有一席之地的 AskJeeves 成立。与其他关键词搜索引擎不同，它是基于自然语言的问答式搜索引擎，本身拥有大量的搜索结果，在用户搜索时先向用户提供数据库中存在的答案，然后才提供网页搜索结果。谷歌于 1998 年成立，它开发出一种新的搜索方式——基于链接的搜索。它把网页链接当作一个重要的指示器，从而更准确地找到用户想要的资源。后来，谷歌还推出了 PageRank 技术，该算法考虑了网页之间的链接关系，使搜索结果更加准确，这也成为当今搜索引擎技术的基础。中国的搜索引擎公司百度在 2000 年成立，它开创了中国本土搜索引擎的新时代。一些红极一时、但在近十年中逐渐衰落的搜索引擎 Lycos、AltaVista、Infoseek、Excite 等也在这一时期成立。成立更晚的（比最早一批搜索引擎公司成立晚了十年左右）微软必应、DuckDuckGo、360 搜索、搜狗搜索等，凭借后发优势在搜索引擎市场也取得了不错的成绩。

从 2000 年到 2012 年是搜索引擎风光无限的高速发展时期。以谷歌为例，它于 1998 年成立，6 年后 2004 年上市时年营收达到 27 亿美元，净利润达到 2.86 亿美元，市场估值为 230 亿美元。到 2014 年，谷歌的年营收达到 640 亿美元，年利润达到 130 亿美元，市场估值更是高达 3900 亿美元。2022 年，谷歌母公司 Alphabet 宣布其财年营收为 2828 亿美元，运营利润为 748 亿美元，搜索业务收入仍然是其营收的重要来源。差不多在谷歌高速发展的同一时期，百度也成长为世界级的互联网巨头，并长期处于中国互联网公司前三强。

到了 2022 年，随着蚂蚁金服、美团、京东等新兴互联网公司的崛起，百度在中国互联网公司百强中的位置为第 7 名，原因并不是搜索引擎技术的退步，而是其他新兴业务模式的崛起。或许，搜索引擎的美好时光正在逝去，即便没有 ChatGPT 等大语言模型，推荐算法、直播带货等新兴的业务逻辑也会冲击它。

除了本来就有其他主业的后来者，早期搜索引擎公司多数都是从搜索服务起步的。随着竞争的加剧，在过去十多年中，多元化发展逐渐成为搜索引擎公司的普遍选择。例如，谷歌不仅有搜索引擎，还发展了安卓系统、云计算、在线视频、电子书、人工智能、虚拟现实终端等业务。百度也类似，除了搜索引擎，还有百度文库、百度贴吧、在线视频、智能终端设备、人工智能等多元化业务。

3. "巨人"间的平庸竞争

经过近三十年的大浪淘沙，搜索引擎市场剩下了一些"巨人"，每家公司的名字都如雷贯耳，如谷歌、百度、微软必应、360 搜索、雅虎、搜狗搜索等。尽管每家公司的规模都非常庞大、实力雄厚，但经过这么多年，搜索引擎的盈利模式至今没有发生大的变化，仍然重度依赖广告收入。这就导致搜索引擎市场"巨人"间的竞争看起来非常平庸，就是想尽办法争夺广告客户。

虽然搜索引擎公司都在想办法开发新技术，改善和优化用户体验，但技术上仍基本趋同，难以体现出差异化。比如，谷歌做人工智能技术开发，微软必应、百度也是如此。谷歌推出了谷歌大脑、谷歌 DeepMind 等人工智能产品和服务，以及适用于自然语言处理和机器学习的 TensorFlow 框架；百度则推出了百度大脑和百度深度学习平台等人工智能产品和服务。

从谷歌母公司 Alphabet 2022 年的财务数据来看，在所有营收的 2828 亿美元中，谷歌服务占 90%，而在谷歌服务中，谷歌搜索广告及其他贡献营收占 64%。谷歌云、其他业务营收、YouTube 广告等对谷歌母公司的贡献都非常少。百度的营收结构大致类似，虽然非广告业务增长很快，但整体上广告业务的比重仍然很大。

搜索引擎到目前为止仍然是大众检索信息的主要渠道，所以搜索引擎公司有一个稳固的地盘，而搜索广告服务是其重要的赚钱模式。现有的搜索引擎公司基本上已经确立了在市场上的垄断地位，除非整个行业消亡，否则已有的市场格局难以改变。除此之外，搜索引擎公司近年来在云服务、视频服务、人工智能等方面进行着大量近似的推进，也难以体现出差异化。

ChatGPT 的出现给搜索引擎市场带来了全新的活力，一个改变固有格局的机会到来了。微软必应在第一时间整合 ChatGPT，让其他搜索引擎公司有点措手不及。微软发布的 2023 年一季度财报显示，微软新必应（整合 ChatGPT 的名字）下载量大幅度上涨，在全球范围内下载量提升了 8 倍，远超过谷歌搜索引擎。

总之，搜索引擎市场不缺乏"巨人"，但"巨人"间的平庸竞争是非常奇怪的。是受制于搜索引擎技术本身吗？是垄断市场的惰性导致的吗？在 ChatGPT 的冲击之下会不会让搜索引擎变得与以往不同？无论是技术方面还是市场方面，我们都在期待一场改变。

4. 危机确实迫在眉睫

即便没有 ChatGPT 的出现，尽管搜索引擎还有存在价值，但人们已经越来越少使用搜索引擎，不满意搜索结果的人也越来越多。关于搜索引擎的争议，以及关于它的生存危机主要表现在以下几个方面。

信息爆炸仍然在世界上持续发生，全世界互联网的信息总量在持续高速增长，搜索引擎这种工具已经难以应对快速膨胀的信息需求。搜索引擎往往难以区分有用信息和无用信息，而垃圾信息和虚假信息又很容易通过搜索引擎传播。这给用户带来了极大的不便和困扰，同时也严重影响了搜索引擎的可信度和公信力。

基于深度学习的推荐算法逐渐兴起，改变了人们获取信息的方式，从人找信息变为信息找人。人们搜索信息的需求变得更少了。另外，社交网络逐渐成为人们新的寻找信息的渠道，这也会减少搜索引擎的使用。

互联网进一步向云计算化、移动化、物联网化、智能化方向发展，互联网信息在垂直纵深层面深入发展，个性化、垂直化、App 化的网络信息服务越来越多，传统的搜索引擎越来越难以获得完整的互联网信息，最终呈现的结果自然就会难以让人们满意。

很重要的一点是，搜索引擎虽然能提供一些信息，但很难提供有价值的信息，甚至直接的答案。简单来说，虽然搜索过程中提供了大量的数据和资源，但实质上并没有解决用户的实际问题。

搜索引擎公司的盈利手段过于单一，主要是广告收入。而搜索引擎公司要保障广告收入，可能会损害用户的体验、隐私和利益。比如，搜索结果中有太多的或直接或间接的广告链接，其中可能还会有不良商家误导用户。另外，很多用户是排斥广告的，而且广告越多，用户可能越不会使用搜索引擎。

很多用户一直把搜索引擎当作一个非常简单的工具，并不会想到搜索引擎公司如何盈利和如何发展，用户的利益和搜索引擎公司的利益联系薄弱而且难以达成一致，结果就是用户可能会瞬间流失。

最后，随着互联网的不断发展，政府对搜索引擎的监管日益严格。政府通过法规、政策等手段限制搜索引擎的内容和广告等，以保护用户的隐私和安全，防止不良信息的传播。但是，这些监管措施也给搜索引擎公司带来了一定的风险和挑战。

这些问题是搜索引擎本来就有的，与 ChatGPT 是否出现无关。但有些问题 ChatGPT 能够帮助解决，如利用 ChatGPT 的语义理解和上下文理解能力，可以为用户提供更加精准的搜索结果。ChatGPT 肯定会改变搜索引擎，但能够在多大程度上改变搜索引擎，这是需要进一步讨论的问题。

5. 替代还是升级？

ChatGPT 到底是彻底替代搜索引擎，还是升级改造现有的搜索引擎呢？现在微软必应给出的答案是整合搜索引擎和 ChatGPT 的各自优势，组合起来共同为用户提供服务。

本书的观点是，就目前 ChatGPT 的生成式特点和能力来看，它会促进搜索引擎改进，但不会替代搜索引擎。原因主要有几个方面：大语言模型训练往往用的是历史数据，其本身的特点使其难以进行实时训练，因而很难提供如搜索引擎一样的实时信息；大语言模型虽然能够自动生成解决方案，但可能是建立在不完整信息的基础上，搜索引擎可以补充这一点，给出更全面的信息；大语言模型给出的答案核心仍然是语言的组织，而不是真正理解用户的意图，为了更顺畅地进行语言输出，模型可能会输出虚假信息，导致真实性幻觉，这一点搜索引擎中一般不存在，搜索引擎检索到的信息一定会存在于互联网的某一个地方。未来，ChatGPT 或类似的技术将与搜索引擎互补融合，形成新的搜索引擎。

本书不认为目前微软新必应的尝试就是最终的结果。新的搜索引擎和聊天机器人的融合可能会更加深入，如在聊天框中并行引入搜索结果，或者在搜索结果中伴随输出生成式内容，或者通过引入大语言模型，让搜索引擎更懂人们的搜索需求，从而给出更精确的结果和生成式内容。总之，ChatGPT 和搜索引擎的融合会以更加自然的方式表现出来，而不是机械式的组合。

总之，目前的 ChatGPT 类技术还不具备强大的优势替代搜索引擎。搜索引擎作为信息检索的主要工具，其在信息覆盖范围、信息深度和广度、信息真实性和可靠性等方面仍然具有很大的优势。从短期来看，二者的深入融合是搜索引擎的发展方向。

需要特别指出一点，ChatGPT 及其相关大语言模型的能力也在不断优化、改进和提升，未来会不会出现重大的性能跃升，带动人类信息获取范式的转换，仍有待进一步观察。如果大语言模型的能力能够达到改变信息获取范式的程度，那也不排除搜索引擎最终会消失的可能。

第八章

知识的危机

　　ChatGPT 等生成式 AI 每天都在大量生成内容，如果我们接收并传播这些内容，这些内容就构成了我们关于世界的新知识。由于个体知识的有限性，不可能对生成式 AI 的每一条产出内容都有清晰的判断。而 ChatGPT 生成文本的流畅性，很容易使人误认为它给出的答案就是正确的，从而产生一种认知幻觉。个体认知幻觉的结果是可能会把错误的知识在网络世界中进一步传播，形成强大的错误知识风暴，就如同过去网络中经常出现的谣言风暴一样，造成很大的危害。谣言风暴还可以找到主观上的责任者，而传播 ChatGPT 产出的错误内容的人完全是主观无意识的，甚至还在积极助推传播。网络中大量的错误知识不断累积，并且被 ChatGPT 等大语言模型作为继续训练的数据，在一定时间之后世界上可能会产生很多看起来像知识的伪知识，这可能会导致人类几千年发展起来的知识系统面临前所未有的危机。如果 ChatGPT 等生成式 AI 不可阻挡，那么反过来的问题是我们应如何避免知识的危机。

1. 什么是知识

现代社会，一个人从小学开始系统地学习人类已经创造出来的知识，然后经历初中、高中、大学等阶段，到博士毕业时才可能会在某一个领域学有所成。此时，这个人不仅拥有丰富的知识，还掌握了很多研究方法，具备了创造知识的能力。这看起来很完美，但在他踏入社会开始工作后，可能会发现自己掌握的知识与实际工作需要相比简直少得可怜。因为在实际工作中，除了专门的技术性知识，还需要大量的行业性知识，以及需要时间才能积累起来的经验和窍门。又经过很多年，曾经的年轻博士经历实践的洗礼，掌握了很多学校之外的知识，如果能够将这些知识与自己以往学习的知识融会贯通，并且提出一些非常有见地的观点，那么人们可能会称其为专家。专家能够在一个领域解答人们的很多问题，好像已经成为一位完美的知识拥有者。但现在有了 ChatGPT，人们会发现这个工具拥有无穷无尽的知识，单就知识范围和知识量来说，任何专家与它相比都不值一提。既然如此，大家是不是会立刻产生一个疑问：我们每个人从小学开始学习那么多知识究竟有什么用呢？或者说，从今天开始，我们是不是已经不再需要孩子像以往那样花几十年的时间学习一些刻板的知识（这些知识大语言模型几秒就可以产生），而是花更多的精力培养孩子人工智能不具备的能力呢？比如想象力和创造力。

什么是知识？这是一个从远古以来就被无数聪明人苦苦追问的问题。

在数字技术领域，知识被解释为由数据、信息逐层积聚和组合而形成的内容，知识与知识也可以继续积聚和组合形成新的知识。不过这句话只是单方向成立，知识是信息的连接和组织，信息是数据的整合和分析结果。反过来未必成立，数据的聚合可能是错误信息或垃圾信息，垃圾信息产生不了知识。原因在于，同样的数据在不同情境下的意义是不同的，如 100 这个数据可以是人，也可以是物。数字技术领域的知识概念，尽管解释了知识从哪里来，但并没有从根本上解释什么是知识。就像现在，ChatGPT 从模型训练出发，用数据生产出了内容，但这些内容都是知识吗？很显然，那些导致人们产生幻觉的内容就不能称为知识。总之，数字技术领域的知识概念是不牢靠的，我们还需要继续溯源。

从古到今，知识的严格定义一直处于"提出—推翻—再提出"的循环中，至今没有达成共识。柏拉图指出知识不是感官直觉，而是确证的真（实）信念，信念是单一、永恒、不变的，因而知识也是如此。亚里士多德在柏拉图知识论的基础上区分了知识和意见，认为知识是经过逻辑演绎获得的，即知识是得到论证的真信念，而意见则没有经过逻辑演绎过程，是暂时性、多样性的，而且缺乏确定性。后来，古德曼将可靠性概念引入进来，认为知识是经过可靠的信念生成机制产生的真信念。但问题在于，没有经过可靠的信念生成机制产生的真信念就不是知识吗？笛卡儿认为知识是基于足够有力的理由的信念，绝不会被更有力的理由所动摇。康德综合了先天知识（不依赖于感觉和经验获得的知识）和经验知识（依赖于感觉和经验获得的知识），强调可靠的信念生成机制是先天知识和经验知识的综合，他进一步把知识的基本问题归纳为先天综合判断何以可能。杜威批判性地认为此前哲学中对知识的看法都是一种旁观者式知识论，他从工具主义视角提出应将知识视为工具，而把行动视为目的。波普尔区分了主观知识和客观知识，他认为主观知识是由一定方式行动、相信一定事物、说出一定事物的意向组成的，客观知识则是由说出、写出、印出的各种陈述组成的，包括思想内容及语言表述的理论内容。具体到科学知识，波普尔提出证伪主义的观点，认为科学理论的基本特征是可证伪性，证伪不是说就一定是错的，而是理论不能与每一个可能的经验过程相容。他进一步指出，如果一个理论不能被证伪（有通过实验或检验驳倒的可能性），则必然是伪科学。波普尔提出了与以往完全不同的观点，即科学知识不是通过证实而确认的，而是通过证伪而确认的。他说出一个事实，即完全被证实的真信念是不存在的，而证实一个理论是错误的，或者不属于知识，则是可能的。证伪并不是否定知识，而是让知识体系（未被证伪的知识）在证伪过程中得到澄清，使知识在"发现问题—提出理论—证伪加以消除错误—发现新问题"的循环中不断发展。波普尔虽然说明了什么不是知识，但并没有给出知识的本质性定义。总体而言，多数哲学家接受源于柏拉图的知识定义，即把知识定义为合理的真实信念。争论的焦点并不是总体结论，而是什么是合理、什么是真实、什么是信念等细节。在现实生活中，知识概念在哲学层面的模糊并没有让大众觉得困惑。其实这也说明，知识是与个人感觉极为相关的概念，即便没有哲学家，每个人也会有自己的见解。

自 20 世纪中期以后，随着信息技术的发展，知识和科技、权力等混同在一起，知识的价值趋向更加清晰，而定义则更加宽泛，"正确""错误""大约"等概念慢慢淡出讨论的中心。未来学家托夫勒在《权力的转移》一书中将知识泛指为信息、数据、图像、态度、价值观和其他具有象征意义的成果，并指出知识一直都是由权力角逐者使用和操纵的，知识不仅是品质最高的权力，而且成为暴力权力和财富权力的精髓。托夫勒预言道："随着超级信息符号经济的出现，知识是赢得权力斗争胜利的关键武器。""到 21 世纪，所有行业需要的最基本的原材料都是知识。"在管理学家德鲁克的观念中，"知识是在行动中可以被证实的内容，是对行动结果有效的信息。""知识是社会的关键资源，知识工作者成为劳动人口中最重要的群体。""知识产生的效果是外在的，主要体现在社会和经济上，或者体现在知识本身的进步中。"获得诺贝尔经济学奖的经济学家保罗·罗默认为："知识由两部分组成：一是人力资本，它具有竞争性；二是技术水平，它是非竞争的，可实现无限的增长。"

在一些大众化的工具书中，关于知识的定义更加宽泛。在《辞海》（第七版）中，知识被定义为"人类认识的成果或结晶"。《现代汉语词典》（第七版）将知识定义为"人们在社会实践中所获得的认识和经验的总和"。在维基百科中，知识被定义为"一种意识或熟悉的形式，通常被理解为对事实的意识或实际技能，也可能意味着对物体或情况的熟悉"。百度百科将知识的概念描绘为"知识是符合文明方向的，人类对物质世界以及精神世界探索的结果总和"。从这些定义中，我们没有看到 "正确与错误""证实与证伪""可靠与不可靠"等哲学议题，而是看到了大众认知中知识概念的实用化。大众往往强调价值，而不是纠结于定义本身。

1996 年，经济合作与发展组织（OECD）在其发布的报告《以知识为基础的经济》中将知识分为四类：关于事实方面的知识，即知道是什么（Know-What）；关于自然原理和客观规律方面的知识，即知道为什么（Know-Why）；关于做某些事的技能知识，即知道怎么做（Know-How）；关于信息在哪里的知识，即知道谁有知识（Know-Who）。前两类知识又称编码知识（或称显性知识），是指以报刊、书籍、光盘、数据库等为载体，用语言、文字、图像、数据表达出来的知识，能够编码，便于计算机整理和存储。后两类知识又称意会知识（或称暗默知识、隐性知识），是指不显露的、难以用语言和文字表达的知识，也是与人的灵感、经验和诀窍紧密相关的知识。经济合作与发展组织提出的这一分类方法是较为权威的知识分类方法。

知识价值被管理学家和经济学家广泛认可，但往往局限于未加检验的个性化陈述，而缺乏量化的验证。2018 年诺贝尔经济学奖的获得者保罗·罗默在其两篇重要论文《收益递增和长期增长》和《内生技术进步》中提出了两个内生增长模型，论证知识在经济增长中的重要性。在第一个内生增长模型中，保罗·罗默论证了："特殊的知识和专业化的人力资本是经济增长的主要因素，知识和人力资本不仅能自身产生递增收益，而且能使资本和劳动等要素也产生递增收益，从而使整个经济的规模收益递增。收益递增保证了经济的长期增长。""存在投资促进知识，知识促进投资的正向循环。""国家必须用对机器投资的同样方式对知识投资。"在第二个内生增长模型中，保罗·罗默论证了："创新能使知识成为商品。知识商品具有特殊性：使用上的非竞争性和占有上的部分排他性。由此产生了两个重要结果：使用上的非竞争性的商品可以无限地累积增长；不完全的排他性和不完全的独占性使知识可以产生溢出效应，进而影响和促使经济表现出长期的收益递增性。""经济规模不是经济增长的主要因素，而人力资本的规模才是至关重要的。一个国家必须尽力扩大人力资本存量才能实现更快的经济增长。经济落后国家的人力资本低，研究投入的人力资本少，增长缓慢，经济将长期处于低收入的陷阱。""由于知识的溢出效应和专利的垄断性，政府的干预是必要的。政府可通过向研究者、中间产品的购买者、最终产品的生产者提供补贴的政策以提高经济增长率和社会福利水平。"

知识有很多独特的特性。比如：积累性，人们可以通过探索创新等方式不断创造出新知识，原来有用的知识并不会因此而消失；共享性，知识可以在不同的人和组织之间共享使用，知识本身并不会因此而减少；不确定性，知识的价值对于不同的人和组织，以及在不同的场景和时间中都是不同的；复杂性，既包括显性知识，也包括不显露的、难以表达的隐性知识，人们通常利用显性知识和隐性知识的交互来解决复杂问题；价值性，知识具有独特的价值，是数字经济和知识经济时代的基本生产要素。

2. 显性知识与隐性知识

1958 年，迈克尔·波兰尼在《个人知识》一书中创造性地提出隐性知识（或称暗默知识）的概念，并将其区分于显性知识。隐性知识是指个人或组织经过长期积累而拥有的知识，通常不易用语言表达，不方便传播给他人或不能传播给他人。对个人而言，隐性知识是隐藏在个人大脑中的知识，是个体认识者以高度责任心、带着普遍意图、在接触外部实在的基础上获得的认识成果，与个人的直觉和领悟相关，具体包括经验、技能和想法等。显性知识是指可以通过日常语言等方式传播的知识，包括以企业的研发数据、工艺流程、管理文档、技术方案、专用的信息系统、专利和特殊技术等形式存在的知识，一般可以从书籍、数据库、电子文档及其他存储资源中方便地获取。用计算机领域的话来说，隐性知识难以用计算机编码的方式清晰表达，而显性知识则可以用计算机编码的方式表达出来。尽管从古到今每个人都拥有隐性知识和显性知识，但迈克尔·波兰尼首次揭示了这一点，并指出二者是人类知识的重要组成部分，而用文字和数字表达的知识只是整个知识体系的冰山一角。

隐性知识主要有以下四个方面的特征。

✧ 难以被描述：隐性知识往往不易被清晰地描述或表达出来，因为它通常是基于个体的经验、感受和感性认知而形成的。

✧ 难以被传授：由于隐性知识往往不能被清晰地描述或表达出来，因此它往往难以被传授给他人，需要通过实践和体验才能获得。

✧ 无法通过语言来表达：大多数隐性知识难以通过语言来表达，通常只能通过行动、情感和经验来表达。

✧ 个体内部的知识：隐性知识存储在个体的记忆、感觉、知觉等内部状态之中，而不是像显性知识那样被明确地记录在某种媒介之中。

现在，基于数字技术挖掘和利用隐性知识的价值已经成为组织转型发展的重要内容。近十年，在全世界快速推进的工业 4.0 中，就特别强调促进组织中隐性知识的表达和利用，这也是它与工业 1.0、工业 2.0 和工业 3.0 的显著区别之一。2013 年，在德国发布的工业 4.0 战略报告中提出："创新不应仅聚焦在克服技术难题上，由于员工在执行与吸收技术创新中起到关键作用，因此创新的范围应扩展到包括工作与员工技能的智能组织。随着开放虚拟工作平台与人机交互系统的广泛使用，员工的角色会发生很大变化。工作内容、工作流程和工作环境会发生转变，同时导致在工作灵活性、工作时间规章、医疗保健、人口学和人们业余生活方面产生影响。因此，为了使未来获得成功的技术集成，需要形成创新的社会组织。"德国工业 4.0 战略也提出了一个加强隐性知识利用的基本思路，主要有两个方面：其一，通过新技术平台，使技术和组织协调一致，让知识员工自主选择他们的工作和调整工作量，建立一个自组织的工作环境；其二，进行组织变革，给一些重要的知识员工充分授权，并使其成为决策者和控制者，同时建立灵活、全新的组织模式来保障工作和私人生活的边界，平衡工作和生活。

显性知识和隐性知识并没有绝对的界限，也不是完全分离的，二者相互补充，且处于不断作用和相互转化中。显性化的数据中可能会隐藏着隐性知识，而隐性知识中也混合着显性知识。迈克尔·波兰尼就曾指出："即使通过语言获得的知识也具有隐性的特征。用词语表达知识，就是以我们对这种隐性知识的拥有为基础而做出的行为。"也就是说，在人们创造的作品、说出的话语，甚至是文本语言中，其实也隐藏了人们所掌握的隐性知识。

人工智能领域的大语言模型在训练时，读取了大量的文本数据、图像数据，甚至是语音和视频数据，这些数据中其实隐藏了本来属于人类的隐性知识，因此可以说大语言模型其实已经掌握了一些人类的隐性知识，只有那些没有任何输出的隐性知识才不被大语言模型所掌握。也就是说，大语言模型在生成内容的过程中，不仅利用了人类社会存储在互联网中的显性知识，也利用了一部分人类的隐性知识。训练数据量越大、多样性越强，大语言模型就越有可能掌握大量人类的隐性知识，因而表现出更加优越的性能。总之，本书认为 ChatGPT 等大语言模型表现出优异的性能，绝不仅是学习了人类社会显性知识的结果，还掌握了相当多人类的隐性知识。

3. 人类的知识是如何进步的

关于人类的知识如何进步，可以列出很多与此相关的事项，如科学研究、企业创新、头脑风暴、知识分享等。但在这些事项推进的过程中为何会有新知识产生呢？新知识又是如何产生的呢？

野中郁次郎和竹内弘高在迈克尔·波兰尼的隐性知识理论的基础上，提出了知识创造的 SECI 螺旋。其核心思想是，知识创造的过程正是隐藏在显性知识和隐性知识的相互作用过程中的。之所以称为螺旋，就是强调知识创造具有哲学中否定之否定、螺旋式成长的特征。

1995 年，SECI 螺旋最早由日本的野中郁次郎和竹内弘高在他们合作的《创新求胜》一书中提出。2006 年，在他们撰写的《知识创造的螺旋：知识管理理论与案例研究》一书中对 SECI 螺旋做了进一步论述。现在，SECI 螺旋被广泛应用于知识管理领域。

野中郁次郎和竹内弘高认为，个人或组织正是在显性知识和隐性知识基于 SECI 螺旋中的不断相互转换来创造与利用知识的。知识创造的 SECI 螺旋如图 8-1 所示。

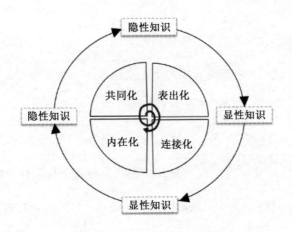

图 8-1　知识创造的 SECI 螺旋

SECI 螺旋模型中提出知识创造包括四种基本的知识转换模式，即共同化、表出化、连接化和内在化。其中，以共同化为起点开启整个知识创造的过程。第一步，是个体的隐性知识到其他个体的隐性知识转化，通过知识分享，以及个体的观察、模仿和实践等行为，实现个体创造隐性知识的方式转换，这种模式和过程称为共同化。第二步，个体把自己获得的隐性知识通过交流、总结等方式表达出来，实现隐性知识的显性化，这种模式和过程称为表出化。第三步，显性知识通过组合或连接，实现显性知识的系统化并加以利用，在此过程中实现了碎片化知识到系统化知识的转换，这种模式和过程称为连接化，也有人称为组合化。第四步，通过边干边学，个体获取了新的隐性知识，这种模式和过程称为内在化。通过四种知识转换模式的反复循环，最终实现个人或组织的知识创造和知识增值。从总体上讲，SECI 螺旋模型不仅是组织的知识创造模型，也是每个人的知识创造模型。组织的知识创造让组织更有力量，而个体的知识创造，同样会让每个人更有力量。

理解 SECI 螺旋模型对当前也有重要的意义。随着 AIGC 的兴起，体力劳动逐渐被生成式 AI 程序代替，未来多数人将成为专注于创意工作的脑力劳动者（有人将之称为提示词工程师）。在这种情形下，人们被限定在提示词中，可能更加容易相互共享和学习，效率必然加速提升。同时，个人的隐性知识在人机互动中加速表出化，并通过生成程序转化为显性知识。大量的显性知识在大语言模型的高速处理之下，被更高质量地连接在一起，并在一定程度上被固化为模型能力，生成更多的显性知识。而个人在与 ChatGPT 等生成式 AI 系统的更高频次交流中（远超与其他人交流的频次），可以反复测试、校正和修改自己的提示词，并及时与系统产出的内容互动，这实质上也是一种极高效率的"干中学"，有助于每个人快速获取和积累隐性知识。另外，ChatGPT 等生成式 AI 系统在更多人类参与的情况下，获得了更加丰富的训练资源，从而能够学习到更多的显性知识和隐性知识，最终进化为更加智能的系统。

人和生成式 AI 之间嵌入了 SECI 螺旋，导致的结果就是大量的知识被创造出来，人类将迎来更加猛烈的知识爆炸。

4. 知识爆炸

人和生成式 AI 互动，SECI 螺旋在其中发挥作用，结果就是生成式 AI 的智能水平迅速提升，而人的隐性知识水平也在不断提升。在双向促进之下，再加上 AIGC 的高效率，在短时间内必然会产出大量的内容。当然，这些内容中必然存在一些不能被证实为真的假知识，但与人的智慧实现协同之后，必然会加快知识的产出。

比如，我让 ChatGPT 生成一份产品方案，它生成的可能只是基本设计，不够完美，甚至存在一些缺陷，但我可以把我的想法（包含自己的经验和技巧）结合进来，也可以把更多的专家吸引进来，一起对这份产品方案进行完善，修正错误，最终形成的方案则是一个全新的创造。人们在 20 世纪 90 年代互联网开始商业应用时，曾经惊呼知识爆炸的时代开始。今天来看，如果世界上的知识都以人和生成式 AI 协同的方式被创造出来，那么一个更加猛烈的知识爆炸时代将正式开始。

知识爆炸使人们更难从互联网中快速找到自己需要的知识，而且即使找到了，人们也难以过滤、消化和理解所有的知识，更别说利用知识。人们被知识无限包裹的后果，不是疯狂地学习知识，就是更加依赖人工智能程序，让人工智能程序来帮助我们处理复杂的知识。进而，ChatGPT 等生成式 AI 可能会成为人们掌握知识、利用知识来生存的入口，人们慢慢会失去主导自己智慧的权力，这是一个可以预见的可怕前景。

知识爆炸的好处清晰可见。知识爆炸为人类社会的发展和进步提供了强大的动力与支持。新的知识和技术的涌现，不仅可以推动各个领域的发展和创新，还可以促进社会经济和文化的繁荣。例如，生成式 AI 可以无处不在地嵌入社会的各个角落，提高社会生产效率，节约成本，促进经济增长。

知识爆炸也会给每个人带来前所未有的风险。恶意的内容生产者可能会利用知识爆炸的机会，产出大量虚假、误导或欺诈的内容，让人们难以分辨，进而导致严重的社会后果。而要遏制这些不良内容的产出，人们还需要求助于人工智能，这会使人工智能的权力进一步被扩大。在很多方面，人们还没有做好准备，这是一个事实。

2023 年，被 ChatGPT 引爆的新一轮知识爆炸已经开始了。无论是政府还是个人，都需要做好准备。

5. 污染还是净化？

追根究底，ChatGPT 等模型只是对自然语言的处理，虽然能够较为准确地预测下一个应该出现在使用者眼前的词汇，但其本质上并不具备人类的意识。而由于自然语言本身就是人类意识的凝结，所以 ChatGPT 等模型对自然语言的大规模模型化处理能够表现出高度的人类意识特征，如具有较强的思维链推理能力。显而易见，这只是模型表现出来的效果，而不是意识本身。导致的结果就是，尽管开发者在努力提高 ChatGPT 等模型的性能，但它们仍然会产生大量的幻觉内容（一本正经地胡说八道）、虚假内容、偏见内容，甚至是错误内容。虽然这些内容的比例会不断降低，但绝对不会降为零。这就意味着，ChatGPT 等模型生成的内容不可避免会污染人类的知识体系。

人类的知识量与 ChatGPT 的知识量，完全没有可比性。因此，人们不可能对 ChatGPT 输出的所有内容进行知识性判断，即判断输出的内容是不是确证过的真信念，可能的多数情况是既不能证实也不能证伪，只能盲目信任系统的可靠性。进一步，人们把没有确证过的内容在社交网络中转发、撰写到自己的论文中，或者作为自己短视频的脚本文字。而后续的研究者可能会误认为社交网络、论文、短视频中的内容都是真的知识，进而引用并作为依据来创造新的知识。以讹传讹，持续一段时间之后，最后可能会导致整个人类的知识体系出现大量的错误内容，并且完全无法证伪。而且，不断训练的大语言模型会把带有错误内容的数据作为基础，训练出不断累积偏差的模型，而模型继续生成更多的错误内容。反复循环的结果是，不仅人类的知识体系被破坏，而且模型本身也失去价值。

在撰写本书的过程中，我就尝试用 ChatGPT 来帮助我提升写作效率。但我很快就发现了问题，有关事实性的数据或信息存在很多错误，还需要自己逐一核实，最终反而降低了效率。虽然从整体上看，错误率的比例并不高，但问题是这些错误是隐藏的，人们无法事先确认出错位置，所以只能对所有内容进行逐一核对，这样反倒效率不高了。悖论在于，如果我们用 ChatGPT，就得接受它的错误率，以及导致以讹传讹的风险，如果不接受它的错误率，那么与不用它没有区别。

另外，尽管 ChatGPT 等技术工具是中性的，但犯罪分子可以用它们来恶意生成一些内容，包括犯罪方案、仇恨言论、暴力内容、伪造文章、伪造图片、伪造视频、谣言、虚假新闻等。而且技术越先进，生成的内容越真实，造成的恶意后果就越严重。这些恶意的内容再借助网络传播，会导致更加严重的后果。不良信息的存在，可能会进一步误导更多的人，导致认知偏差。

不得不承认，ChatGPT 等模型本身往往具有矛盾相依的特性，它既能够污染人类的知识体系，也可以用来净化知识。这个问题我让 ChatGPT 自己来回答，它给出的答案是这样的：ChatGPT 可以通过对自然语言文本的深度理解和分析，帮助人们识别和排除虚假信息、误导性信息和低质量内容，从而净化知识；ChatGPT 可以生成更高质量的自然语言文本，人们可以通过对比这个文本和其他来源信息来判断是否有虚假信息或误导性信息；人们可以利用 ChatGPT 的推理能力，分析某个陈述是否正确和合理，从而净化知识；通过与 ChatGPT 的反复交互，ChatGPT 可以提供更加个性化的解释和信息，从而更好地净化知识；ChatGPT 可以对各种文章进行分类，帮助用户快速获取所需信息；ChatGPT 还可以通过构建知识图谱和搭建个性化问答系统来帮助知识净化。

6. "无用"的知识分子？

知识分子是现代社会中一个非常重要的概念，有着几百年的历史。一般来说，说一个人是知识分子，首先他必须拥有雄厚的知识积累，其次拥有基于知识的独特见识，最重要的是他还是一个分子，即具有独立思想的个体。传统知识分子往往以知识立身，以良好的道德素养和思想品质赢得大众的信任，进而广泛发表独特的见解，具备引领世界向更加科学文明的方向发展的能力。知识分子是一个老话题，政治、经济、文化、社会等各个学科对此都有广泛的研究，本节主要将这个概念与互联网、ChatGPT 等生成式 AI 联系起来，分析知识分子在当前环境下可能面临的挑战。

随着社交网络的繁荣，一些拥有流量，但没有知识的"知道分子"大量出现。他们看起来无所不知，在任何领域都能谈一点儿见解，听起来很有见识。但问题在于，他们说的很多观点可能是道听途说，或者是道理歪说，或者是知识的简单嫁接，很难经得起推敲，是无法确证的伪知识。而互联网中拥有近似无限的广博知识，真正的知识分子反而会认识到自身知识的局限性，不愿意发出声音。媒介环境学相关研究就指出，互联网让专家过时，高级知识分子（专家）难以抗衡互联网的挑战，而一般知识分子则更不用说。

有人可能会说，让真正的知识分子掌握互联网的流量密码不就好了。这显然也不大可能，最后我们可能会发现，在互联网逻辑中，即便开始是真正的知识分子，在互联网中很快也会转变为"知道分子"。根本原因在于，互联网高速传播和聚合流量的逻辑与知识创造的逻辑不匹配。当一个人（知识分子）的知识创造速度跟不上互联网的流量增长需要时，很有可能变成只会转发点赞、人云亦云的"知道分子"。反之来看，那些不执着于知识创造，而专注于知识搬运的"知道分子"可能会更好地适应互联网环境。那么，知识分子不上网，不与"知道分子"争流量，专门做线下的知识分子，可不可行呢？在 ChatGPT 等生成式 AI 没有出现时，或许可行，但有了这些高级智能的工具，即便是线下的知识分子，或许也会变得"无用"。

现在，ChatGPT 就像一个高级知识分子，而且是通用的公共性知识分子。任何人向它提问，它都能给出答案。尽管答案中也有幻觉和错误内容，但其提供的有价值的内容仍然会超出很多一般知识分子能够提供的范围。如果人类把 ChatGPT 等模型再训练得更加高尚一些（基于人类反馈的强化学习完全可以做到这一点），使其总能站在道德高地上发表自己的见解，那么 ChatGPT 等模型就会像过去几百年人类社会中的那些知识分子一样，既有知识又有道德，除了不像人，也可以引领人们向更高级的文明状态发展。如果说，互联网只是让知识分子变得过时，那么 ChatGPT 则可能会让普通知识分子阶层消失。而凭借 ChatGPT 的支持，更多的普通人可能会进入社交网络，手动或自动搬运机器生成的内容，成为新型的"知道分子"。而原来凭借个人处理文字的独特技能来获取流量的老一代"知道分子"也必然被时代淘汰。

另外，除了外部环境因素，知识分子对 ChatGPT 等生成式 AI 的过分依赖，可能会导致自身失去创造知识的能力。ChatGPT 的知识虽然丰富，但它来源于大量的文本数据，这些文本数据中的很多内容都是由人类知识分子创造的。ChatGPT 只能够重复、模仿已有的知识，而无法真正地创造新知识（由于它的知识容量超出了任何人类个体拥有的知识，所以可能会让很多人误认为它创造了新知识）。这就意味着，如果知识分子只是依赖 ChatGPT 来获取知识，而没有让自己积极参与思考和创造，那么他们很快就会发现自己在慢慢失去赖以生存的知识价值，而成为只会"复制+粘贴"的"工具人"。换句话说，如果知识分子不能基于 ChatGPT 的应用进行新知识的创造，而是甘于成为只会"复制+粘贴"的"工具人"，那么知识分子就会真的没有用处了。

如果去掉知识分子的公共传播和社会影响等考察维度，把知识分子当作一个专注于知识创新的学者群体，单纯看 ChatGPT 等生成式 AI 能不能帮助知识分子创新知识，那么结论又会有所不同。从支持知识分子创新的角度来看，ChatGPT 可以在以下几个方面发挥作用。

首先，ChatGPT 可以帮助知识分子更加高效地进行信息收集和分析。在过去，人们需要花费大量的时间与精力来阅读、分析和整理大量的文献、数据、信息。而现在，ChatGPT 可以在短时间内帮助人们快速收集和分析大量的信息，从而帮助知识分子更好地了解问题的本质和变化趋势。

其次，ChatGPT 可以帮助知识分子快速生成和验证模型。在过去，人们需要通过实验、推理和验证来得出新的理论与发现，这需要大量的时间、精力和成本。而现在，ChatGPT 可以帮助人们快速生成和验证新的假设与模型，从而推动知识的创新和应用。例如，在医学领域，ChatGPT 可以帮助医生更快地诊断疾病、设计药物和治疗方案，从而提高医疗水平和效率。

再次，ChatGPT 能够帮助知识分子高效率地处理和分析文本数据。ChatGPT 可以在短时间内处理大量的文本数据，并根据输入的文本生成连贯、合理的输出。相比之下，人们需要花费大量的时间和精力来研究与分析文本，还可能会出现主观性和片面性的问题。

最后，ChatGPT 可以帮助知识分子更好地进行跨学科研究和合作。ChatGPT 可以帮助不同学科的知识分子进行智能对话和协作，从而促进学科交叉和创新。例如，ChatGPT 可以帮助计算机科学家、语言学家和心理学家等不同学科的学者进行沟通交流与协作。

总之，科技的发展改变了社会环境，100 年前知识分子振臂一呼、响应云集的情形可能不会再出现了。互联网，尤其是社交网络的出现，让知识分子变得过时，而 ChatGPT 等全新人工智能工具则有可能让知识分子变得"无用"。如果知识分子不愿意就此成为互联网中无用的"知道分子"，就需要利用好 ChatGPT 这样的新工具，不断创造新知识，坚持以知识立身，只有这样才能让自己真正有用。

第九章

元宇宙和 AIGC 双重驱动数字化转型

数字化转型的本质，就是利用新兴的数字技术来创新不同行业或领域的企业的产品、服务、经营过程、商业模式，最终促使传统企业的经营范式发生根本性的改变。通俗地说，数字化转型就是企业基于数字技术而实现的颠覆式变革。当前，数字化转型面临着两个重要的契机（或者说风口）：其一是元宇宙，其二是 ChatGPT 等生成式 AI 模型。

元宇宙是面向未来的、虚实深度融合的虚拟现实连续体世界，新的经济、社会和文明形态将在其中产生。元宇宙建立在 5G/6G、Web3.0、3D 图形引擎、数字孪生、数字虚拟人、人机交互等前沿技术的基础之上，是人类未来将生存其中的蓝图。为适应这一蓝图，各个行业数字化转型的一个重要方向就是构建具有元宇宙特征的新行业。

人工智能的前沿、通用人工智能的初期阶段技术——ChatGPT 等生成式 AI 模型及其关联的应用，给数字化转型带来了另一个契机，使人工智能能够像电力一样为各个领域的企业数字化转型赋能，数字化转型的内涵和内容会发生较大的变化，各个行业的面貌可能也会因此变得与以往不同。

元宇宙和人工智能的全方位融合，将使元宇宙空间变得活跃和多彩起来。数字人、化身、非玩家角色（Non-Player Character，NPC）等都将变得更加智能，虚拟空间中的图像、模型、文本将由 ChatGPT 等生成式 AI 模型生成，人工智能将无处不在。以 ChatGPT 等生成式 AI 模型为驱动力，数据、信息、知识将在其中快速迭代，元宇宙也会因此成为每个行业的"超级知识容器"。元宇宙的能量与 ChatGPT 等生成式 AI 模型的能量不是简单叠加的关系，而是相乘的关系，最后必然会爆发出前所未有的超级力量。

1. 元宇宙——空间革命与规则重构

我在《元宇宙大革命》一书中描绘了元宇宙的蓝图，指出元宇宙是由现实世界（生活、工作、娱乐）、数据世界（个人日志/社会记录）、增强世界（增强现实/增强虚拟）、镜子世界（数字孪生/镜像世界）和影子世界（虚拟现实/数字原生）叠加融合而成的新世界蓝图，人、机器人和数字虚拟人将生存其中，并因此形成全新的社会、经济和文明形态。从总体上讲，建设元宇宙的最终目的是让人们的生活变得更加舒适、轻松、美好。本书中没有详细解释元宇宙蓝图的理论渊源，感兴趣的读者可以进一步深读《元宇宙大革命》这本书。元宇宙的整体框架示意图如图 9-1 所示。

在未来的元宇宙世界，人类社会将发生五个方面的革命性变化。

拓展现实世界的新疆界：虚拟现实连续体世界不仅让现实世界增厚，而且在延伸它的广度。这个既有着虚拟层次的厚度，又有着无限延伸广度的新世界，就是我们将要生活其间的新世界。虚拟世界的时空从物理实体角度来看几乎为零，而从它的容量来看又能容纳现实世界的一切，因此可以认为它是一个卷曲起来的时空。虚拟世界的时空任何一点都是全息的，如果没有人为障碍，那么理论上任何一点都能获得现实世界的所有信息。在元宇宙带来的所有革命性变化中，空间革命是其最主要的特征。

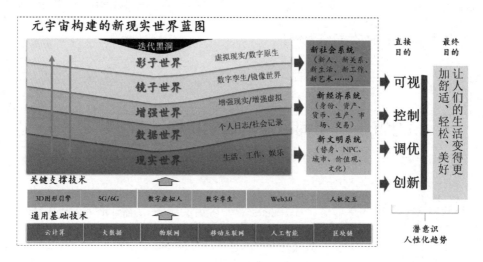

图 9-1　元宇宙的整体框架示意图

具身在场可视化：元宇宙不仅追求一对一看得见，还追求内部构造和运行机理看得见（增强现实、数字孪生或虚拟现实）、整体环境看得见（不仅环境数据看得见，3D 拟真模型场景也看得见），更追求具身在场（数字化身进入虚拟世界）看得见。

重新定义"人"的概念：元宇宙将是一个肉身人类、机器人和数字虚拟人（机器人和数字虚拟人可以合称为"数字人"）同行共存的空间，化身、NPC、服务机器人等数字新"人"口将快速膨胀，最后将远超肉身人类的数量。数字人有不同的能力边界，具有各自不同的生命周期，可能会处在不同的"人生"阶段。在虚拟世界中，人的意识、声音、形象、姿态、行为模式等都会被打包成不同的数据包，而且这些不同的数据包可以通过重组产生不同于任何一个真人的"真人"。比如，现实中 A 的意识、B 的声音和 C 的形象，可以在虚拟世界中被轻松地组织为一个新"人"。数字人可能会扮演各种角色，如元宇宙教育中的教师化身、同学化身、NPC 学伴、NPC 教师、考试巡查员等，从而与人类建立起复杂的新关系。

数字原生经济的崛起：数字原生经济就是产生于虚拟世界，并运行于虚拟世界的经济，也称创作者经济、意识生产力经济。元宇宙在虚拟现实连续体世界之上，构建出一套数字原生经济的支撑系统，如非同质化通证（Non-Fungible Tokens，NFT）、分布式数字身份（Decentralized Identity，DID）、星际文件存储系统（Inter Planetary File System，IPFS）、去中心化自治组织（Decentralized Autonomous Organization，DAO）、去中心化金融（Decentralized Finance，DeFi）、数字货币、数字交易市场等，让经济活动完整地运行在虚拟世界。数字原生经济与实体经济的融合发展将是主要的发展方向，实体经济进入元宇宙由实入虚，而数字原生经济则延伸实体经济的内涵由虚入实。

意识生产力的释放：尽管现阶段基于弱人工智能的数字人还不能称为有意识，但它能够"欺骗人类"，让与其互动的人误认为它有意识。机器在学习人的声音、形象、姿态、行为模式时，事实上复制了人的意识。在这个过程中，人的意识价值被释放出来，不再受制于肉身的限制，而变成了一个数据包。把这个数据包复制很多次，并与不同的化身配合，就能代替人来做出决策和采取行动。在这个情景中，人的创造力得到极大的发挥，人的意识实现了多个场景的复用，成为一种新的生产力。机械化、程式化的工作被机器人代替，肉身劳动退出工厂等工作现场，但意识生产力的作用更加显著。意识生产力在美术、音乐、写作、广告设计、软件开发等产业中形成了前所未有的创新洪流，并借助 NFT 技术实现确权、价值交易和价值获取。元宇宙正在把人的意识延伸到虚拟空间，而且会复制无数份，从而产生规模化的意识生产力。从本质上讲，当前的 ChatGPT 展现了复制人的意识，利用意识生产力的力量。

2. 无处不在的 AIGC 与效率革命

元宇宙是人类将要生活在其中的虚拟现实连续体世界，因此它能够给予 AIGC 非常广阔的舞台。显而易见，在纯物理世界中，AIGC 的价值是有限的，输出的内容还需要进行物理输出才能发挥价值，而在现实世界和多层次虚拟世界深度融合的连续体世界（元宇宙世界）中，AIGC 的内容输出可以无缝应用到这个新世界，从而产生前所未有的价值，实现价值最大化。如果说元宇宙的核心是强调新空间构造和规则设计，而 AIGC 的无处不在，将成为它的"灵魂"，让新世界变得灵动且多彩起来。AIGC 的核心是提升人们的内容生产效率，实现效率革命。

总体来看，AIGC 将从以下几个方面赋能元宇宙。

赋能元宇宙中的自然语言处理：元宇宙是一个由现实世界和多层次虚拟世界深度融合的复杂世界，需要高度互动和自由的用户体验。在这个过程中，高效率的自然语言处理和内容生产变得非常重要。ChatGPT 等生成式 AI 模型将被广泛使用，与人类进行实时对话。同时，ChatGPT 等生成式 AI 模型也能够帮助人类实现对元宇宙中的虚拟物品、角色和环境等各种元素的语义理解与交互。

赋能元宇宙中的交互体验：除了与人类用户的交互，ChatGPT 等生成式 AI 模型还可以用于与元宇宙中的其他数字虚拟角色交互。这些角色可以是由 ChatGPT 等生成式 AI 模型生成的虚拟智能体，也可以是由图像识别、语音识别、自然语言生成等技术组成的人工智能交互系统。这些人工智能角色可以与用户进行各种交互，包括对话、游戏、商业活动等，从而提供更加丰富、互动性更强的虚拟体验。

赋能元宇宙中的内容创造：在元宇宙中，用户可以创造各种虚拟物品、场景、角色等，ChatGPT 等生成式 AI 模型组合起来可以作为重要的虚拟创造工具来辅助用户进行创造。用户可以借助 ChatGPT 生成用自然语言描述的提示词。在此过程中，用户可以更加直观地了解虚拟元素的特征、行为和属性等，进而能够利用其他生成式 AI 模型生成图像、音乐、视频、3D 模型等。同时，ChatGPT 等生成式 AI 模型还可以通过学习和模仿用户的创造过程与习惯，为用户提供更加个性化的内容创造体验。

赋能元宇宙中的数字原生经济：ChatGPT 等生成式 AI 模型能够帮助用户更好地理解数字原生经济，并在实际行动中辅助用户开展数字原生经济活动。例如，ChatGPT 可以作为数字原生经济的陪练导师，培训用户有关数字原生经济的知识；用户可以利用其他生成式 AI 模型生成图像、音乐、视频、3D 模型等数字资产，并在数字市场中交易；ChatGPT 可以辅助用户获取数字身份，存储资源；用户可以基于 ChatGPT 分析数字原生经济中的风险，避免损失事件发生。

最后需要特别说明，AIGC 在赋能元宇宙的过程中，也会让自身变得更加智能。元宇宙空间中的全新语言环境、虚拟环境，能够补充和优化 ChatGPT 等应用背后的生成式 AI 训练数据源，从而进一步提高其智能水平，促使其能更好地与元宇宙空间融合。

3. 双重驱动的行业变革

在元宇宙和 AIGC 的双重驱动下，各个行业将发生颠覆性的改变。元宇宙将重建各个行业的世界景观和规则系统，而 AIGC 则会给元宇宙中的各个行业赋能赋智，激发效率革命，让每个行业都变得与以往不同，使其充满智能的力量。

📋 教育

AIGC 将带来猛烈的知识爆炸，新的知识不断被创造出来，知识更新频率更快，终身学习将伴随每个人。教育是每个人获取知识的主要途径，它的有效性将决定我们能否快速跟上时代。元宇宙教育将与以往完全不同，一个个性化的、沉浸式的、充满想象力的、充分智能互动的教育世界将被打开。

元宇宙将改变教育的每个元素，教育场景、教师、学生、学伴、助教、教学方法、教学内容都会发生改变。现实中的教育仍然会存在，但会与数字化教育、增强式教育、孪生式教育、原生式教育等多种教育形态融合，成为元宇宙中的新教育。教室等教育场景将被数字化、增强化、孪生化和原生化，教育场景将超出物理世界的边界，变得更加宽广。而教师、学生、学伴、助教也会被数字化、增强化、化身化和原生化。教师可以在现实中教学，也可以转化为在线的视频课程或增强现实课程，甚至可以通过化身在线上课，现实中不存在的数字虚拟人教师也可以在原生世界出现，为学生提供教育课程。学生有了更多选择，可以多样化地选择自己的课程，也可以通过化身参与到虚拟世界的教学中，与教师和学伴互动。甚至在时间冲突时，化身能代替学生参与学习，在时间允许时，帮助学生复现学习过程。大量的数字虚拟人学伴、助教将伴随学生的学习全过程，为学生提供氛围烘托、学习帮助和课后辅导。数字化教学、增强现实、数字孪生、虚拟现实等技术将大量应用到教学方法和教学内容中，帮助学生获得第一手的学习资料。

从总体上讲，元宇宙教育将从以下五个方面重塑教育行业。

打造 3D 沉浸式学习环境，让学生获得沉浸现场的学习体验：3D 模型不仅能够把复杂的理论和概念简单化，还能够模拟仿真的场景，让学生获得直接的感受，从而提高学习效率。

学生的孪生化身参与到学习场景中，达到具身学习的效果：学生的孪生化身能够与真实人体感知器官通过泛在网络连接起来，让学生获得直接的感受，从而提升学习效能。

NPC 的加入使教育活动更加丰富多彩：在元宇宙教育场景中将出现大量的NPC，它们将担任教师、学伴、助教、观众、教练等角色，让元宇宙教育活动更加丰富多彩，使学生获得更加接近真实的体验。

与游戏世界融合：在元宇宙中，可以将教育场景和教学过程设计为游戏环境与过程，把学习转变为一场大型虚拟游戏。学生可以边玩边学，边学边做，让学习、游戏和实践充分结合起来，形成不同以往的学习氛围。

智能分析能力与闭环教育：智能系统将不间断地记录学生的学习过程数据和学习效果数据，并对数据进行实时分析。分析结果既可以帮助学生改进学习方法，也可以帮助教师优化和改进教学内容与流程。基于数据分析，元宇宙也可以为学生提供更加精准的个性化教育方案。

AIGC 将加快元宇宙教育的建设进程，从多个维度强化元宇宙教育的效果，实现更加智能的个性化教育。总体来看，AIGC 可以从以下几个方面赋能元宇宙教育。

支持元宇宙教育环境的构建：元宇宙教育环境的场景、数字虚拟人、教学仿真模型、化身等教育元素都可以利用 AIGC 系统来生成。文本、图像、语音、视频是元宇宙教育环境中不可或缺的原材料，这些原材料也可以利用 AIGC 系统来生成。

个性化教育辅助：AIGC 可以根据学生的学习需求和兴趣爱好，为学生提供个性化的学习体验。学生可以通过与 ChatGPT 等生成式 AI 模型的对话，获取自己感兴趣的知识点、技能等信息，以便更好地理解和掌握知识。AIGC 还可以提供针对学生学习能力和习惯的指导。例如，如果学生在编程学习方面存在困难，那么 AIGC 可以为学生提供一些特定的编程问题，并提供针对性的回答和讲解。另外，AIGC 还可以根据学生的学习记录，为学生提供针对性的学习计划和进度安排建议，帮助学生更好地规划和掌控自己的学习进度。

定制化学习支持：AIGC 可以根据每个学生的个性化需求和学习方式提供定制化的教育服务。它可以根据学生的知识水平、兴趣爱好和学习风格，结合数字虚拟人技术为他们提供定制化的教学内容和学习建议，从而提高学生的学习效果。

智能辅导和答疑：AIGC 可以提供智能化的辅导和答疑服务。学生可以通过与 ChatGPT 等生成式 AI 模型的对话，随时获取疑难问题的回答和讲解。ChatGPT 也可以根据学生的提问，提供不同难度问题的回答，并提供相应的解题思路和方法。

教师助手：AIGC 可以作为元宇宙教育环境的 NPC 助教，为教师提供支持，协助他们完成各项任务。例如，它可以帮助教师创建教学计划、设计教学内容、管理学生作业等。这样，教师可以更加高效地完成各项任务，从而提高教学质量。此外，AIGC 还可以帮助教师更好地辅导学生。通过分析学生的问题和反馈，AIGC 可以提供针对性的教学建议和课程设计建议，帮助教师更好地调整教学内容和方式，以便更好地满足学生的学习需求。

自然语言交互式学习：AIGC 可以作为学生与机器人或数字虚拟人进行自然语言交互的一种方式，提供交互式的学习体验。通过与 AIGC 系统的对话，学生可以获得更加生动的互动学习体验，同时也可以提高自身的英语口语表达能力和自然语言理解能力。在此过程中，AIGC 还可以根据学生的学习行为和反馈，不断改进自身的表达和回答方式，提高自身的交互能力和回答准确率。AIGC 也可以作为教师的化身，为学生提供全天候的答疑和支持服务。

自动评估和反馈：AIGC 可以实现元宇宙教育环境中的自动评估和反馈。它可以分析学生的回答，并根据正确答案提供反馈和建议。这一技术可以帮助教师更快地评估学生的学习进度，节省时间和精力。此外，AIGC 可以提供个性化的反馈和建议，帮助学生改善学习策略和方法。

情感分析和心理辅导：AIGC 还可以对学生进行情感分析和心理辅导。它可以识别学生的情绪，如焦虑、沮丧或兴奋，并提供相应的支持和帮助。

总之，元宇宙和 AIGC 将合力驱动传统教育向更加智能的元宇宙教育转型。教育行业必须以新技术为契机，加速变革，以应对新一轮更加猛烈的知识爆炸环境。

📑 工业

我在《元宇宙大革命》一书中描绘了未来元宇宙工业的详细图景，这里主要介绍其概要内容。元宇宙工业是虚实深度融合、更加智能的工业形态，是工业领域继工业 4.0 之后的再次变革，也可以称为工业 5.0。在元宇宙工业场景下，工业中的各个元素都会与以往不同，呈现出多层次的虚实融合状态。我们可以从工厂、产品、市场、用户四个关键工业元素及其关系的变化来看元宇宙工业的整体运行图景（见图 9-2）。

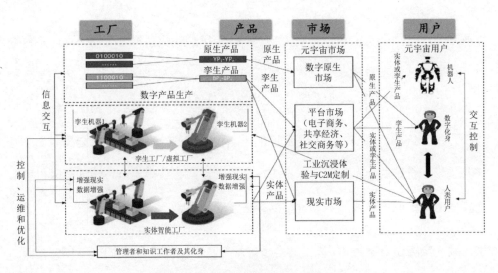

图 9-2 元宇宙工业的整体运行图景

元宇宙用户分为三类：人类用户、数字化身、机器人。数字化身和机器人被人类操控，产品需求与人类的需求紧密相关。元宇宙市场主要有四类：现实市场、C2M 市场、平台市场和数字原生市场。C2M 市场与平台市场不同，它只有一家供应商，但对应着无数的用户，市场运行过程也相对不够透明。C2M 市场有可能在元宇宙环境下加速发展。在元宇宙市场中，不同类型的用户可以获得不同的产品组合。人类用户不仅能够获得实体产品，还有可能获得孪生产品和原生产品，具体获得什么取决于生产商的商业模式。人类的数字化身可以在市场中获得必要的孪生产品，从而进行虚拟装备，当然费用需要从人类用户的账户中扣除。机器人可以看作人类市场行为的代理，按照人类定制的需求从市场中购买产品，除了具体的购买行为与人类不同，购买的产品类型与人类一致。

在元宇宙工业的生产侧，既有生产实体产品的现实工厂（实体智能工厂），也有孪生工厂（也可以称为虚拟工厂），还有生产数字产品的无形工厂。每个工厂由多台智能机器连接在一起，管理者和知识工作者在现场能够获取智能机器的数据增强信息与增强现实信息，用来控制生产、运维和优化生产工艺与流程。多台在不同位置分布的智能机器可以在虚拟空间组织在一起形成虚拟工厂，用户与虚拟工厂交互，而不是与现实工厂交互。与现实工厂一对一映射的虚拟工厂称为孪生工厂，所有机器、原料、工艺、环境的形态和参数都与现实工厂完全相同。孪生工厂提供了全景式、沉浸式的虚拟工厂图景，用户在获得具身体验的同时，可以直接向工厂定制产品或服务，也可以参与互动和创新。

在元宇宙工业图景中，人工智能本来就在其中发挥着重要作用，AIGC 领域的全新突破将使元宇宙工业加速建设，并使元宇宙工业场景更加智能。AIGC 可以从以下几个方面赋能元宇宙工业。

加速构建元宇宙工业：通过 AIGC 的赋能，可以快速生成元宇宙工业领域的 3D 模型场景、各种担任员工化身或用户化身的数字虚拟人形象、各种操作工业流程和说明、产品营销方案和材料，以及用户使用说明等，让元宇宙工业快速落地。

支持无处不在的智能交互：ChatGPT 等 AIGC 系统拥有强大的自然语言处理和交互能力，这种能力可以赋能给元宇宙工业中的任何事物，包括员工化身、用户化身、工业机器人、机器的 3D 模型等，使人类能够自然地与元宇宙工业中的任何元素进行交流，为工业任务的完成提供基础支持。

为工业生产运行提供支持：AIGC 可以帮助工业企业制订生产计划，利用历史数据、市场需求和供应链信息等来预测未来的需求及市场趋势，从而优化生产计划。AIGC 也可以帮助管理者分析生产经营数据，以及生产过程中出现偏差的原因，并提出优化建议，以提高生产效率、降低成本和提高产品质量。AIGC 可以通过学习历史质量数据、产品工艺和生产参数信息等，来建立质量控制模型，实现对制造过程的实时监测和预警，从而确保产品的质量和一致性。AIGC 也可以用来分析制造设备的数据，通过机器学习算法和模型来预测设备可能出现的故障，并提前进行维护，以减少停机时间，降低维修成本。AIGC 还可以帮助工业企业分析供应商绩效，并识别存在的问题，提出供应链管理方面的建议。

支持工业企业实现更加智能的用户服务：AIGC 可以整合到工业企业的智能客服机器人中，通过自然语言处理和行业性知识图谱等技术为用户提供更加自然化、人性化、多样化的服务，提高用户的满意度和忠诚度。AIGC 也可以不断学习用户的需求倾向和习惯，自动生成更加契合用户需求的服务提醒，为用户推荐更精确的产品服务内容。AIGC 还可以用来收集用户体验的反馈和建议，并提出服务改进建议。

赋能工业产品设计：工业产品设计是工业竞争力的核心来源之一。AIGC 能够全方位赋能工业产品设计，提供预先试错的平台，识别设计方案中的不足，提出优化方案，全方位提升工业产品设计的效率，降低工业产品设计的成本。

支持元宇宙工业的培训学习：AIGC 可以赋能元宇宙工业中的教育培训环节，加快工业企业的人才培养。在实际操作中，AIGC 可以智能生成自动化操作方案，进行自动化指导，以帮助新员工完成操作，并为其提供充分的技术支持。

总之，元宇宙工业是全新的工业形态，AIGC 将促使这一工业形态加速到来，而且通过全方位赋能，让元宇宙工业运行得更有效率和价值。

📄 传媒

传媒业受到元宇宙和 AIGC 的双重冲击，将变得与以往完全不同。传统媒体在这种冲击下，将发生颠覆性改变。但这并不意味着传媒业会消失，相反元宇宙为传媒业提供了更加广阔的舞台。元宇宙本身既是全新的世界，又是全新的媒介。世界被全面媒介化，媒介就是世界本身。AIGC 将在元宇宙媒介中无处不在，构成元宇宙作为媒介发展的核心动力。

相较于以往的媒介（包括传统媒介、数字媒介等），元宇宙作为媒介具有以下四个方面的特征。

智能：元宇宙空间为人工智能提供了更加广阔的应用场景，如数字虚拟人、虚拟的生物和物品、语音和图像识别、更智能的 NPC、3D 场景优化和分析、人类智能助手、内容生成和分析、内容推荐等。交互智能主要通过扩展现实（Extended Reality，XR）、脑机接口、裸眼 3D、全息显示、触觉手套等技术实现智能的信息交互。在元宇宙空间中，任何虚拟物品、实体物品、NPC、真人、真人化身、虚拟环境等都可能随时随地成为信息传播者和接收者，信息、资产价值能够迅速传输，并建立全新的关系。元宇宙中的内容生成是多元化的、涌现式的、非人为可控的，基于机器智能或人工智能的算法自动识别，并基于数据驱动生成。基于智能技术，元宇宙中会建立大量可信的短暂交互关系，甚至建立非直接的短暂交互关系。在这种瞬时性的直接和间接交互关系中，靠人类能力已经很难捕捉，必须依赖人工智能技术及区块链相关机制。

沉浸：元宇宙的一个重要特征是能给人们带来沉浸感，即给人们带来一种感官实时在场、融入环境并参与的感受。这从主体感受的角度称为沉浸性，从身体参与传播过程的角度则称为具身性，是同一个问题的两个方面。元宇宙带来的沉浸感主要由后台 3D 内容和 XR 交互技术共同实现，是一种深度的实时沉浸。通过 XR 装备隔离人与现实环境，人们可以获得一种跨越时间和空间、充分调动感官的沉浸感。元宇宙带来的沉浸感是全方位的，不仅是视觉、听觉等单器官的体验，还会结合虚拟场景提供融合体验。从应用角度来看，沉浸感不仅针对线上的数字原生空间，还可以在增强现实、增强虚拟、数字孪生等多场景中获得。

具身：在元宇宙环境中，媒介不再仅是人类器官的延伸，而是会把整个身体以技术化的方式投送出去，让携带意识的身体如精灵般穿越时空，实现身体与时空持续俱在，任何物理地点的传播者和被传播者都能够超越肉身与时空的限制，实现身体持续在场，使原始部落式的交流沟通场景最终得到复盘式重现。按照莱文森人性化理论的说法，潜意识如黑夜中的明灯，人类在进行几万年探索之后终归来处，元宇宙或许是最接近终点的。而元宇宙的未来，或许是被技术改造过的"新人类"再出发。

超融：元宇宙意味着更加全面、复杂、深入的媒介超级融合将到来。第一，不同数据类型的媒介内容深度融合，除了当前媒介融合涉及的数据、图文、声音、视频等类型，元宇宙环境中还有 3D 建模数据、图形引擎、数字资产、数字虚拟人等方面的数据需要融合。第二，元宇宙的媒介融合意味着不同维度信息的融合，即一维的信息、二维平面互联网和三维沉浸式互联网的融合。第三，在元宇宙环境中，人的肉身、数字虚拟人和数字资产成为重要的媒介，信息、人的肉身、数字虚拟人和数字资产的融合是元宇宙内容的重要特征。第四，元宇宙包括现实世界、社会记录、增强现实、镜像世界、虚拟世界等不同虚拟化程度的空间，不同空间之间不是相互孤立的，而是相互融合的，融合得越紧密，用户获得的感觉就越自然，沉浸感也就越强。第五，数字原生和数字非原生的融合将是元宇宙发展的一个重要趋势。

AIGC 的大规模普及将导致传统媒体被进一步颠覆，但媒体业仍然会存在。主要变化在于：有了 AIGC 工具，人人都能够成为内容生产者，进而成为媒体内容的源头，UGC（用户生成内容）的力量将前所未有的强大；社交平台可能不再是新媒体，而 AIGC 平台将成为媒体内容传播的新载体；AIGC 将与数字原生经济融合，创造全新的媒体经济范式；AIGC 将促进各类型媒体内容的深度融合，并能够精准满足用户需要；AIGC 将大幅度提升媒体内容的生产效率。

从媒介的角度来看，元宇宙与 AIGC 将深度融合在一起，实现更加智能的元宇宙媒介。不过，元宇宙与 AIGC 也有一些区别，元宇宙概念的核心意义是强调场景和空间，AIGC 则为这个场景和空间填充内容。

具体到媒体内容生产，AIGC 将发挥以下作用。第一，AIGC 可以帮助媒体工作者自动化、智能化生成高质量的文本内容、图像内容、视频内容等，提升媒体内容供给的及时性。第二，AIGC 可以用来生成媒体内容的策划，以有效调动用户的兴趣，吸引用户的注意力。第三，AIGC 可以帮助媒体工作者智能化编辑和修订内容，如识别和纠正文本中的语法、拼写、用词错误。第四，AIGC 可以帮助媒体工作者加速内容的发布，提高媒体内容传播的效率。第五，AIGC 可以把文本转化为图片、语音、视频等，或者互相转化，为用户提供超级融合的媒体内容。第六，AIGC 可以为媒体内容的读者提供智能的客户服务。第七，AIGC 还可以帮助传媒业的用户实现数据化分析，如对大量媒体内容进行分析，进而为用户提供更加丰富和个性化的推荐内容。

人工智能生成一切内容，不仅意味着内容本身可以被人工智能程序生成，而且意味着内容模态之间能够实时、按需转化。随着 AIGC 的生产力革命，必然会改变媒体生产者生态、媒体形态和媒体内容，进而改变媒体生产方式、传播方式和盈利模式，最后彻底颠覆传统媒体。

AIGC 带来的传媒业革命主要表现为以下九个方面。

第一，AIGC 将进一步降低媒体内容生产的门槛，任何有想法的人都可以成为内容生产者。过去十多年间，平台媒体让有内容生产能力的人脱颖而出，成为自媒体者，但传统媒体并没有消失。AIGC 则不同，它让世界上的每个人都成为潜在的内容生产者，也都有可能成为内容传播的中心，传统媒体的专业性和权威性壁垒将被打破。

第二，AIGC 能够大幅度提高内容生产效率，降低内容生产成本。而传统媒体往往带有沉重的历史包袱，难以轻装上阵。而且，跨模态的超级融合媒体将大量出现，可能让传统的专门化媒体失去价值。

第三，传统媒体的内容生产往往依赖重资产，需要复杂而庞大的设备，而AIGC 则主要依赖轻量化的软件工具，任何人即使没有重资产，也能够生产较高质量的内容产品，这将导致传统媒体的重资产失去价值。

第四，由于生产工具的相似性，因此未来媒体的内容竞争更加强调创意和灵感，而传统媒体有限的人力资源所拥有的创意和灵感也是有限的，不可能与几乎无限的大众创造力相抗衡，最终生产的内容被淹没在内容洪流当中。

第五，生产者个体的多样性必然会导致媒介形式和媒体内容的丰富性与多样性，从而给用户带来更多选择，也能够给用户带来更好的内容消费体验。传统媒体产出的内容无论如何都难以与大众生成内容的丰富性和多样性相比，在这种情形下，用户必然会持续流失。

第六，以往的社交平台支持用户创造内容，让用户获得参与感和成就感，从而逐渐占据了传媒业的主导地位。但在 AIGC 浪潮下，不同的生成式 AI 工具对传媒业的内容生产起着决定性的作用，用户将转向生成式 AI 工具平台，并利用这些新平台建立社交关系并分发内容。在这种情形下，平台媒体将沦落为"传统媒体"。

第七，AIGC 意味着创作者经济崛起。它是一种数字原生经济，即在数字世界生成、传播、交易、使用商品，创作者在线即可实现价值链全过程。创作者经济与平台媒体依赖广告、直播带货等经济活动完全不同，它更加隐秘也更有活力。如果平台媒体无法适应这种新兴的经济模式，则同样意味着无法生存。

第八，AIGC 让内容生产与各个行业紧密融合，内容生产者及内容本身连接的各方都能够很方便地建立直接的关系，以往作为中介的传统媒体被越过。被越过就意味着其在生态中失去了意义，对生态中的其他参与者失去了价值。

第九，在内容传播方面，人工智能工具能够提供更加均衡的按需传播和个性化传播能力，任何内容生产者产出的内容都能够被更加公平地传播，平台媒体的传播渠道优势也会被进一步瓦解。

📄 文旅

元宇宙与文旅的结合将改变文旅行业的面貌。在旅游目的地，数字化旅游将为游客提供便捷的管理和服务，增强式旅游则会让游客瞬间进入某个特殊的虚拟和现实交融的场景，帮助游客直接了解历史、典故、传说等，让不会动的景物变得活跃。如果游客不在旅游目的地，孪生式旅游则让游客不在现场就能实现直观的具身感受，或者让游客在虚拟现实场景中了解旅游目的地的地质和文化变迁，吸引游客参与到旅游活动中。

AIGC 让元宇宙文旅变得更加个性和智能，全方位提升旅游服务的质量和游客满意度。AIGC 可以从以下八个方面赋能元宇宙文旅。

第一，AIGC 可以协助构建元宇宙文旅世界。AIGC 可以生成文本、语音、音乐、图像、视频、3D 模型，甚至是 App，这些材料可以用来快速构建元宇宙文旅世界。

第二，AIGC 可以为文旅行业提供实时的客户服务。它不仅可以解答游客遇到的各种疑问，还可以为游客提供更加个性化的服务，提升游客对文旅行业的满意度。同时，AIGC 还可以根据游客的描述自动快速响应，以便及时解决游客的问题。

第三，AIGC 可以用于文旅推荐。利用 AIGC 进行实时的自然语言交互，可以根据游客的语言输入动态分析游客的需求，根据游客的兴趣特征，提供个性化的旅游产品和服务推荐。AIGC 还可以制定更加详细的旅游推荐方案，减少游客的决策时间。

第四，AIGC 可以用于文旅活动的智能管理。基于 AIGC 技术和物联网技术，可以捕捉游客的搜索行为，及时分析游客的兴趣特征，适时了解游客的旅游偏好，从而更好地配置文旅行业的资源，提高文旅行业的服务水平。

第五，AIGC 可以用来生成与文旅相关的推介材料、导游材料和服务材料。这些内容可能是图文宣传单页、海报、长短视频、网络广告、导游手册、旅游攻略、酒店介绍、服务推介等。

第六，AIGC 可以与实体机器人或数字虚拟人结合，开发出更加智能的导游机器人，为游客提供导游服务。

第七，针对外国游客，AIGC 可以提供智能的多语言翻译服务。现在，ChatGPT 等生成式 AI 模型已经能够准确地翻译文本，并借助其他 AIGC 技术转换为语音服务。基于这些能力，就可以为外国游客提供实时的多语言翻译服务，帮助外国游客跨越语言障碍，实现快乐旅游。

第八，AIGC 能够增强旅游过程中的安全保障。在文旅行业，游客的人身安全和财产安全是文旅企业始终关注的问题。AIGC 可以通过自然语言处理和图像识别等技术，实现旅游安全预警和安全监控。AIGC 还可以自动分析游客的安全风险和安全隐患，并及时向游客提供安全警示和建议，提高游客的安全意识和防范能力。

总之，元宇宙与 AIGC 的结合，将改变文旅行业的面貌，人们也将获得前所未有的旅游体验。

医学

一些研究指出，元宇宙与医学服务的结合，将改变临床和非临床领域的多个场景，如临床研究、医学保健、身体检查、自我保健和老年护理、疾病的诊断和治疗、药物和器械治疗、手术治疗、医院管理、药学与医学质量控制、疾病预防、保险等。数字化医学、增强世界医学、孪生世界医学、原生世界医学等各个层次的元宇宙医学建设条件基本成熟，一些成熟的应用已经广泛运用。除了数字化医院、3D 建模的数字孪生医院等常规可见的应用，元宇宙医学中其他较为成熟的应用包括以下几个方面。

可穿戴诊疗设备与人类化身的结合：可穿戴诊疗设备能够实时监测人体的健康数据，通过传感器和物联网收集与传输这些数据，并且同步给虚拟世界的人类化身。然后借助人工智能技术实时评估人体的各项健康数据，并结合病史数据传输给医生。在病人出现实际生病的症状时，医生就能够对病人的情况进行预先审查，以形成更全面的判断。病人也能够借助人类化身及时了解自身的实时健康状态，有助于及早发现病情，也能够在真正患病时了解身体各项参数的变化，建立康复的信心。

护士和医生的化身服务：在远程医疗的情况下，病人可以向护士和医生的化身咨询病情与用药情况。护士和医生的化身能够实时获取病人的身体健康数据，从而为病人提供更加具有针对性的服务。另外，在病情康复阶段，护士和医生的化身可以借助 3D 模型提供远程培训与指导，帮助病人快速康复。

高效、快速的医学培训：基于元宇宙医学的虚拟 3D 模型，医务人员能够更加高效、快速地完成培训。缺乏手术经验的医生可以在线进行虚拟手术，积累经验。在医学手术现场培训中，实习医生可以通过 XR 技术全方位观察病人的情况，并直观感受医学手术的操作细节，从而能够更快地掌握相关技术。元宇宙中的医学培训也可以与游戏相结合，增强其趣味性，提高培训效率。

特殊病人的康复护理与治疗：一些研究证实，把元宇宙的虚拟现实场景应用到癌症病人的认知康复中，会取得正向积极的结果。癌症病人还可以在虚拟环境中随时向远程医生咨询，及时掌握康复状态，缓解对病情的焦虑。在心理康复治疗领域，一些研究证实元宇宙的虚拟环境能够改善心理问题，对治疗心理疾病具有积极的作用。

从总体上讲，未来将建设一个全新的元宇宙医学世界。在这个新世界中，将有大量基于 3D 建模的虚拟医院和虚拟医生。虚拟医院的医疗设备资源在现实中分布在不同地方的不同医院中，虚拟资源与现实资源一一映射，并构成数字孪生系统，而虚拟医生对应的真实医生可能在现实中处于不同的实体医院。病人的化身可以进入虚拟医院，找自己认可的"医生"（医生的化身）看病，病人的化身附带所有历史医疗数据、实时健康数据、联网的检测报告数据，医生的化身根据病人的授权数据诊断病情，并提供治疗方案。病人在线购买各种药物，线下服务机器人会把药物送到病人家中。在病人康复过程中，可穿戴诊疗设备监测的身体健康数据会实时传送给虚拟化身，并授权给医生、护士和服务机器人，相关人员针对病情进展提供个性化的专业建议，直到病人康复。另外，人们也可以基于医学资源，在虚拟世界中构建完全数字原生的游戏化医院，在游戏中获取医学教育服务，或者具身沉浸体验当医生的感觉，从医生视角理解医学服务。

AIGC 将加速元宇宙医学的建设进程，让元宇宙医学领域变得更加智能，使个性化医疗服务成为现实。具体来看，AIGC 至少能够从以下六个方面提升元宇宙医学的价值。

第一，AIGC 系统的强大生成能力有助于加快元宇宙医学的建设进程。AIGC 能够凭借强大的 3D 建模、文本生成、图像生成、音视频生成、自然语言交互等方面的能力，在虚拟医院构建、医护和病人虚拟化身设计、医学服务流程管理、医生和病人的交互场景设计、医学图像分析等方面为元宇宙医学建设提供支持。比如，首先用 AIGC 的模型生成能力构建出虚拟医生的形象，接着用 ChatGPT 类的聊天机器人程序驱动虚拟医生，然后进行医学方面的模型微调，让虚拟医生更加专业和智能。简单来说，AIGC 让一切变得容易了，在 AIGC 的加持下，元宇宙医学将加速实现。

第二，AIGC 可以作为虚拟医疗助手，或者医生的化身，为病人提供更加便捷、高效、精准的医疗服务。在元宇宙环境中，病人可以通过与 AIGC 的语音和视觉交互，获取关于病情、治疗、用药等方面的信息，同时也可以通过 AIGC 预约医生、查看医院信息等。这种虚拟医疗助手的形式，不仅可以解决病人与医生面对面交流不便的问题，还可以帮助医生更好地了解病人的病情和需求，为病人提供更加个性化的医疗服务。

第三，AIGC 可以从大量的病历记录和医学图像中学习并进行疾病诊断与预测。在元宇宙环境中，病人可以上传自己的病历记录和医学图像，AIGC 可以帮助病人自行诊断和预测疾病的发展趋势，并根据病情自动推荐合适的治疗方案和用药方案。同时，医生也可以通过 AIGC 获取更加全面、准确的病人病历记录和医学图像，以便更加准确地诊断和治疗疾病，提高医疗质量和效率。

第四，在元宇宙环境中，AIGC 可以打破现实世界的限制，在医学领域实现更加便捷、高效的知识共享和交流。AIGC 可以通过整合自然语言处理、图像生成和音视频生成等技术，将医学知识转化成可视化的形式，让医生和研究人员更加直观地理解和应用这些知识，促进医学研究的协同创新和持续进步。

第五，AIGC 可以快速生成医学教育和培训的内容，实现医护人员的快速培养，也能够培训和帮助病人快速康复。例如，AIGC 可以基于资深医生的设计，生成虚拟手术的视觉材料，帮助新手医生快速成长。AIGC 还可以生成医疗护理的图文材料和视频材料，以培训和帮助病人完成后期的康复活动。

第六，AIGC 还可以在元宇宙环境中进行虚拟临床试验，为药品研发提供更加准确、快速、安全的试验平台。在现实世界中，药品研发需要大量的时间和资源，而且存在许多安全隐患和伦理道德问题。而在元宇宙环境中，AIGC 可以通过虚拟现实技术，建立一个真实的临床试验环境，对药品进行虚拟试验，并通过数据分析和机器学习算法，帮助药品研发人员更加准确、快速地评估药品的疗效和安全性，降低试验成本和风险。

总之，元宇宙和 AIGC 在医学领域有着巨大的应用空间，将来可以为每个人的医疗服务提供更加智能化、个性化的解决方案，医疗质量和效率也会得到大幅度提高。同时，AIGC 有助于促进医学研究的进步和创新，推动医学领域的整体进步和发展。

第十章

挑战与中国机遇

2023 年一开始，ChatGPT 就以其优异的性能在全世界引起了前所未有的风暴，几乎每个互联网人都讨论过有关它的话题，如它是如何操作的、它的核心技术是什么、它是如何训练的、它的价值和意义是什么、它带来哪些风险等。ChatGPT 的到来，让很多中国企业遭遇到了前所未有的挑战。这种挑战是双重的：一方面，ChatGPT 取得的进步这么大，而且很快就会与各个行业深度融合并带来巨变，中国企业还没有做好准备；另一方面，如果 ChatGPT 带来的技术进步对未来非常重要，而中国企业还未掌握，那么这项技术会不会成为新的"卡脖子"技术。

更严峻的挑战在于，ChatGPT 实际上也只是冰山一角，伴随 AIGC 而来的是一系列生成式 AI 模型，如文本生成、图像生成、音频生成、视频生成、3D 模型生成、代码生成等，其中有些主要基于大语言模型，有些是专门的图像生成模型，还有一些其他的模型。可以说，AIGC 的每个领域最好的应用多数都是国外的技术和产品，它们会不会有一天卡住我们的脖子，不让中国企业用？

ChatGPT 及其他 AIGC 技术的崛起，也给中国企业带来了机遇。一方面，我们可以借鉴与学习国外的技术，快速发展中国本土的技术，以及加速发展中国的 AIGC 产业；另一方面，我们也可以一边发展本土 AIGC 产业，一边利用国外的先进 AIGC 技术，促进中国的经济发展，只有经济发展了，才能为中国的 AIGC 产业提供广阔的市场。

ChatGPT 及其他 AIGC 技术的崛起对中国人和中国企业来说既是挑战，也是机遇，强大而智慧的中国人和中国企业最终一定能够应对挑战，抓住机遇。

1. 新的"卡脖子"？

ChatGPT 刚引起轰动时，一些人就说新的"卡脖子"技术出现了。提出的理由一般包括：美国在芯片等高科技领域的恶性竞争；ChatGPT 的核心算法和训练方法不公开；训练数据有限。问题是，就算这些理由都成立，但 ChatGPT 及其他 AIGC 技术也不能算是新的"卡脖子"技术。理由主要包括以下三个方面。

第一，本来就不是"脖子"，自然就谈不上"卡脖子"。"卡脖子"技术用于描述任何一种具有关键作用并具有控制权的技术，如芯片技术、一些专用的工业软件技术等。如果这些技术被限制，则会影响一个产业的整体发展。而 ChatGPT 及其他 AIGC 技术并不能算是关键技术和控制技术，而且才刚刚开始发展，后续的产业还在孕育中，这些技术本身的作用还没有被充分发挥出来。也就是说，这些技术本来还不在"脖子"上，也就谈不到"卡脖子"的问题。

第二，即使 ChatGPT 是"脖子"，也"卡"不住。中国和国外差不多同时起步研究相关技术，2022 年年底 ChatGPT 发布，2023 年上半年中国多家企业发布了一系列类似模型，最后谁强谁弱，还有待观察。如果我们强，就根本谈不上"卡脖子"技术了。如果我们稍弱，即使国外限制我们使用，我们仍然有备用品，"卡脖子"也"卡"不住。

第三，"卡脖子"的本质是国家间能否合理公平竞争的问题，关键是约束一些国家的恶性竞争。正如本书前文所述，ChatGPT 及其他 AIGC 技术会带来生产力革命，会让生产效率大幅度提升，虽然谈不上"卡脖子"，但也是对人类未来发展非常重要的技术。"卡脖子"往往是从国家竞争的角度来看的，而从人类总体福祉的角度来看，国家间的合理公平竞争是有利于科技进步和人类社会发展的。所以，"卡脖子"在某种角度上是一个"伪"问题，本质上是国家间能否合理公平竞争的问题。因此，这也不是单纯能从技术角度解决的问题。

尽管 ChatGPT 及其他 AIGC 技术先行一步，目前来看表现优异，但本书不认为 ChatGPT 及其他 AIGC 技术会成为新的"卡脖子"技术。

2. 中国的机遇

ChatGPT 及其他 AIGC 技术的快速发展，为中国带来了多方面的机遇。

第一，ChatGPT 及其他 AIGC 技术的发展可以促进中国在人工智能领域的发展，加速中国从传统制造大国向创新型国家的转型。随着 ChatGPT 等自然语言处理技术和其他生成式 AI 的成熟与应用，相关领域的市场和产业也将逐渐扩大，甚至会创造出全新的产业形态，为中国的经济发展带来新的动力。

第二，ChatGPT 及其他 AIGC 技术的应用可以帮助中国应对人口老龄化、医疗保健、教育等重大挑战。例如，在智能客服和自然语言对话领域，ChatGPT 的应用可以提升中国企业的客户服务水平和效率。在医疗保健领域，ChatGPT 的应用可以促进病人与医生之间的交流，帮助病人制订出院后的康复计划。在教育领域，ChatGPT 等技术可以提高教育教学的效率和质量，为中国培养更多高素质的人才提供支持。

第三，ChatGPT 及其他 AIGC 技术的应用带来前所未有的创新、创造和创业机遇。ChatGPT 及其他 AIGC 技术的应用，以及后续衍生的应用，将与各个行业深度融合，形成庞大的新市场。从技术到应用、从应用到行业深度融合、从行业深度融合到庞大市场的价值链条，会产生大量的创新、创造和创业机会，最终会形成一个庞大的 AIGC 产业生态。以中国庞大的市场体量为基础，再加上庞大的创造者群体，ChatGPT 及其他 AIGC 技术在中国的推广与应用意味着大量创新机遇出现、大量前所未有的事物出现，也意味着新一批创业者会脱颖而出。

第四，ChatGPT 及其他 AIGC 技术的应用有可能会带来新一轮的经济增长。技术经济范式理论和复杂经济学理论指出，新的技术会催生新的技术经济范式，并带来新一轮的经济增长。ChatGPT 及其他 AIGC 技术的应用将催生新的技术经济范式，推动数字经济从数字技术经济、数据经济向创造者经济和数字原生经济的方向发展。新的技术经济范式意味着新一轮的经济增长，现在处于初始阶段，预期未来五年一定能够观察到实际的增长趋势。

第五，ChatGPT 及其他 AIGC 技术的应用将大幅度提升各个行业的整体运行效率。正如第九章所述，元宇宙和 AIGC 将双轮驱动各个行业发生深层次的变革，其中 AIGC 能够大幅度提升内容生产的效率，降低生产成本，帮助企业更快地推出新产品或服务。例如，在教育、工业、传媒、文旅、医学等领域，AIGC 技术可以自动生成大量高质量的内容，加快内容生产的速度，最终提升行业整体运行效率。

比尔·盖茨认为，ChatGPT 的影响在近几十年中只有视窗系统推出时可以相比。视窗系统的影响有多大，以此为参照，也就能大概估测 ChatGPT 带来的机遇有多大。另外，其他 AIGC 技术的应用也会创造属于它们的新机遇。所有机遇叠加起来，就是一个前所未有的"超级"机遇。中国有着强大的资源基础，有着大量智慧的创造者，相信一定能够抓住此次机遇。

3. 中国数字产业界的集体行动

虽然中国在此轮大语言模型竞赛中的表现暂时落后，但这并不意味着中国人工智能产业发展的落后。事实上，近年来中国的人工智能创新和产业发展一直与美国并驾齐驱，同处于全世界领先位置。根据中国科学技术信息研究所发布的《2021 全球人工智能创新指数报告》，进入人工智能创新实力第一梯队的国家只有两个，就是中国和美国。美国斯坦福大学发布的《2021 年人工智能指数报告》中同样指出，中国、美国、欧盟处于人工智能研究领先位置。

ChatGPT 的开发者及相关公司的创立者相信"大力出奇迹",不断增加模型参数规模和训练数据规模,但这意味着巨大的算力资源和成本消耗。世界上的很多公司没有选择这条道路,但并不是说它们没有在大语言模型方面(尤其是在基于 Transformer 的模型开发方面)跟进工作。国外的谷歌、Meta、亚马逊等公司,国内的百度、阿里巴巴、腾讯、华为、360、科大讯飞、商汤科技等科技巨头和人工智能新秀已经在类 ChatGPT 方面长期跟踪开发,有着雄厚的积累。在 2023 年 2 月 ChatGPT 引爆全球之后的不久,国内各家科技巨头就纷纷发布自己的大语言模型,并宣布开始对外测试。这些公司并不是就用了 1~2 个月来开发一个大语言模型,而是在长期跟踪研究的基础上,再做了一些针对性的训练和微调工作,然后才发布的。我们来看看这些陆续发布的信息。

2023 年 3 月 16 日,国内搜索引擎巨头百度凭借芯片、框架、算法模型、应用四个层面的长期积累,首先发布对标 ChatGPT 的大语言模型产品"文心一言",力求让这一人工智能前沿技术应用赋能各个行业,并让所有产品因此而改变。我很荣幸获得"文心一言"的测试资格,我认为它与 ChatGPT 有很高的近似度。为了测试,我问了"文心一言"一个问题:"你认为文心一言与 ChatGPT 的差距大吗?""文心一言"回答得非常中国化,或者这正是它的优势所在。我把"文心一言"输出的答案附在下面,大家可以自行体会。

我认为文心一言和 ChatGPT 都是很出色的人工智能产品,它们在不同的方面有各自的优势。

文心一言是由百度开发的自然语言处理模型,它在中文理解方面有着显著的优势。而 ChatGPT 是由 OpenAI 开发的自然语言处理模型，它在逻辑推理和知识库方面表现出色。

每个模型都有自己的优势和适用环境，用户可以根据自己的需求和使用场景来选择合适的模型。

2023 年 4 月 10 日，国内人工智能新秀商汤科技发布"商汤日日新大模型"，它具有自然语言生成、文生图、感知模型标注、模型研发等能力。类 ChatGPT 产品被命名为"商量"（SenseChat），主要强调对中文语境的理解，以及在中文处理方面的优势。

2023 年 4 月 11 日，另一家实力雄厚的国内互联网巨头阿里巴巴在阿里云峰会上，正式宣布推出大语言模型"通义千问"。"通义千问"也是一个类似 ChatGPT 的超大规模语言模型，具有多轮对话、文本理解、文本生成、逻辑推理、多模态理解、多语言支持等能力。阿里巴巴在当天宣布，其旗下的所有产品未来都会接入"通义千问"大语言模型，全面进行赋能改造，其中包括天猫、钉钉、高德地图、淘宝、优酷、盒马等。

2023 年 4 月 16 日，国内知名互联网公司 360 公司宣布其基于 360GPT 大语言模型开发的类 ChatGPT 产品"360 智脑"率先在搜索场景中落地，并向企业用户开放内测。

2023 年 5 月 6 日，国内人工智能领域的领军者之一科大讯飞发布"星火认知大模型"。该模型同样对标 ChatGPT，宣称在中文处理方面的能力已经超越了 ChatGPT，而在英文处理方面的能力与 ChatGPT 也很接近。"星火认知大模型"具有"多风格多任务长文本生成、多层次跨语种语言理解、泛领域开放式知识问答、情景式思维链逻辑推理、多题型步骤级数学能力、多功能多语言代码能力、多模态输入和表达能力"七大能力。

腾讯、华为等其他科技巨头在大语言模型方面也有长期的跟踪研究，相信它们在未来也会有相应或相关的产品发布。

从目前的形势来看，之所以短期内能有这么多国产的类 ChatGPT 产品发布，已经说明中国有着长期的积累和雄厚的实力。即使目前产品性能与 ChatGPT 存在一些差距，但差距一定不会太大。科技界的领袖之一周鸿祎认为中国企业只需要两年左右就有可能赶超 ChatGPT 的水平，这一判断应该是比较准确的。

4. 低端版本还是超越?

ChatGPT 等生成式 AI 正在掀起前所未有的生产力革命，AIGC 正在逐渐渗透，改变各个行业。在这个前所未有的挑战和机遇面前，中国没有其他的选择，只能积极应对挑战，努力抓住机遇。

在此背景下，中国数字产业界已经做出了大量的积极行动，推出了一系列的类 ChatGPT 产品。相信政府的相关政策也会快速出台，提供资金、税收、人才等方面的支持，助推中国企业在大语言模型方面实现超越。

有人说，我们国内推出的大语言模型都是低端版本，难以与 ChatGPT 相抗衡。本书不赞同这种说法，中国的相关模型刚刚推出不久，还需要在实践及用户互动中不断学习、优化和改进模型。研究表明，大语言模型的性能增长并不是线性的，在参数达到一定规模或训练数据达到一定规模时，就会出现爆发式的涌现能力，涌现能力的出现将拉平模型早期的差距。也就是说，同样具有涌现能力的模型，其性能水平就不会差距太大。所以，中国大语言模型开发的重点其实并不是机械式追平 ChatGPT，而是不断改变和优化自身，促使大语言模型呈现出强大的涌现能力。从这个角度来看，中国可能并不需要两年时间就有可能超越 ChatGPT 的水平。

从商业和市场角度来看，互联网领域的平台企业基于网络效应通常会产生"赢者通吃"的现象，ChatGPT 及其他 AIGC 领域也不会例外。目前技术和服务领先的 ChatGPT，很有可能在非常短的时间里实现无处不在、赢者通吃。本书认为，这才是国内类似的大语言模型和产品开发者需要重点关注的问题，而不是技术。

对中国企业来说，在技术存在一些差距的情况下，需要借助设计良好的商业模型，首先巩固一个市场基本盘，获得生存的机会，然后才有可能实现技术和商业两个方面的真正超越。对已有的互联网巨头来说，本来其旗下已经有很多产品和服务场景，固定一个市场基本盘会比较容易实现。而对纯粹的、与 OpenAI 一样的人工智能创业公司来说，进入大语言模型领域创业，无论是 2B 还是 2C 业务，一定要精确设计商业模式，找到市场基本盘，只有这样才有可能超越国内外的竞争者，要不然可能很快就会被淘汰。

我相信，在 ChatGPT 及 AIGC 掀起的新浪潮中，中国人一定不会缺席。

参考文献

[1] 董扣艳，张雨晴. 生成式人工智能发展与治理的哲学省思[J]. 福建师范大学学报（哲学社会科学版），2023（4）: 48-63.

[2] 杨青峰. 元宇宙大革命: 媒介、社会与工业的未来图景[M]. 北京: 电子工业出版社，2023.

[3] 杨青峰. 智能爆发: 新工业革命与新产品创造浪潮[M]. 北京: 电子工业出版社，2017.

[4] 孙凯丽，罗旭东，罗有容. 预训练语言模型的应用综述[J]. 计算机科学，2023，50（1）: 176-184.

[5] 斋藤康毅. 深度学习进阶: 自然语言处理[M]. 陆宇杰，译. 北京: 人民邮电出版社，2020.

[6] 李舟军，范宇，吴贤杰. 面向自然语言处理的预训练技术研究综述[J]. 计算机科学，2020，47（3）: 162-173.

[7] 奚雪峰，周国栋. 面向自然语言处理的深度学习研究[J]. 自动化学报，2016，42（10）: 1445-1465.

[8] 骆卫华，刘群，白硕. 面向大规模语料的语言模型研究新进展[J]. 计算机研究与发展，2009，46（10）: 1704-1712.

[9] 王乃钰，叶育鑫，刘露，等. 基于深度学习的语言模型研究进展[J]. 软件学报，2021，32（4）: 1082-1115.

[10] 车万翔，刘挺. 自然语言处理新范式: 基于预训练模型的方法[J]. 中兴通讯技术，2022，28（2）: 3-9.

[11] 陈德光，马金林，马自萍，等. 自然语言处理预训练技术综述[J]. 计算机科学与探索，2021，15（8）: 1359-1389.

[12] HOCHREITER S, SCHMIDHUBER J. Long Short-Term Memory[J]. Neural

Computation, 1997, 9(8):1735-1780.

[13] YOUSUF H, GAID M, SALLOUM S A, et al. A Systematic Review on Sequence to Sequence Neural Network and its Models[J]. International Journal of Electrical & Computer Engineering, 2021,11(3):2315-2326.

[14] ZAIB M, SHENG Q Z, EMMA ZHANG W. A Short Survey of Pre-trained Language Models for Conversational AI-A New Age in NLP[C]. ACSW'20: Australasian Computer Science Week, 2020:1-4.

[15] 于梦珂. 生成式对抗网络 GAN 的研究现状与应用[J]. 无线互联科技，2019，16（9）：25-26．

[16] XU Y, CAO H, DU W, et al. A Survey of Cross-lingual Sentiment Analysis: Methodologies, Models and Evaluations[J]. Data Science and Engineering, 2022, 7(3):279-299.

[17] VASWANI A, SHAZEER N, PARMAR N, et al. Attention is All You Need[C]. Proc of the 31st International Conference on Neural Information Processing Systems,2017:6000-6010.

[18] 林令德，刘纳，王正安. Adapter 与 Prompt Tuning 微调方法研究综述[J]. 计算机工程与应用，2023，59（2）：12-21．

[19] RADFORD A, WU J, CHILD R, et al. Language Models are Unsupervised Multitask Learners [J]. OpenAI blog, 2019, 1(8):9.

[20] QIU X, SUN T, XU Y, et al. Pre-trained Models for Natural Language Processing: A Survey[J]. Science China Technological Sciences, 2020, 63(10):26.

[21] 余同瑞，金冉，韩晓臻，等. 自然语言处理预训练模型的研究综述[J]. 计算机工程与应用，2020，56（23）：12-22．

[22] HINTON G. A Practical Guide to Training Restricted Boltzmann Machines[J]. Momentum, 2010, 9(1):926-947.

[23] LUO R, SUN L, XIA Y, et al. BioGPT: Generative Pre-trained Transformer for Biomedical Text Generation and Mining[J]. Briefings in bioinformatics,

2022,23(6):bbac409.

[24] SHARMA H . A Survey on Image Encoders and Language Models for Image Captioning[J]. IOP Conference Series: Materials Science and Engineering, 2021, 1116(1):012118.

[25] GILL S S, KAUR R. ChatGPT: Vision and Challenges[J]. Internet of Things and Cyber-Physical Systems, 2023, 3:262-271.

[26] 王翼虎，白海燕，孟旭阳．大语言模型在图书馆参考咨询服务中的智能化实践探索[J]．情报理论与实践，2023，46（8）：96-103．

[27] 夏润泽，李丕绩．ChatGPT 大模型技术发展与应用[J]．数据采集与处理，2023，38（5）：1017-1034．

[28] 张领，曹健，张袁等．基于知识蒸馏的脉冲神经网络强化学习方法[J]．北京大学学报（自然科学版），2023，59（5）：757-763．

[29] WEBB T, HOLYOAK K J, LU H. Emergent analogical reasoning in large language models[J]. NATURE HUMAN BEHAVIOUR, 2023,7(9):1526-1541.

[30] DHARIWAL P, NICHOL A. Diffusion Models Beat GANs on Image Synthesis[J]. Advances in Neural Information Processing Systems,2021,34:8780-8794.

[31] CHEN X, CAO L, LI C, et al. Ensemble Network Architecture for Deep Reinforcement Learning[J]. Mathematical Problems in Engineering, 2018 (1):1-6.

[32] 李戈，彭鑫，王千祥等．大模型：基于自然交互的人机协同软件开发与演化工具带来的挑战[J]．软件学报，2023，34（10）：4601-4606．

[33] MNIH V, KAVUKCUOGLU K, SILVER D, et al. Human-level Control Through Deep Reinforcement Learning[J]. Nature, 2015, 518(7540):529-533.

[34] KRIZHEVSKY A, SUTSKEVER I, HINTON G. ImageNet Classification with Deep Convolutional Neural Networks[J]. Communications of the ACM, 2017,60(6):84-90.

[35] PAIK I, WANG J. Improving Text-to-Code Generation with Features of Code Graph on GPT-2[J]. Electronics (Basel), 2021,10(21):2706.

[36] HEINZERLING B, INUI K. Language Models as Knowledge Bases: On Entity Representations, Storage Capacity, and Paraphrased Queries[C]. Conference of the European Chapter of the Association for Computational Linguistics. Association for Computational Linguistics, 2021.

[37] NATH S, MARIE A, ELLERSHAW S, et al. New Meaning for NLP: The Trials and Tribulations of Natural Language Processing with GPT-3 in Ophthalmology[J]. British Journal of Ophthalmology, 2022, 106(7):889-892.

[38] 刘中祺. 基于 Transformer 的文言文机器翻译[D]. 上海：华东师范大学，2022.

[39] 易顺明，许礼捷，周洪斌. 基于 Transformer 的预训练语言模型在自然语言处理中的应用研究[J]. 沙洲职业工学院学报，2022，25（3）：1-6.

[40] 吴茂贵，王红星. 深入浅出 Embedding：原理解析与应用事件[M]. 北京：机械工业出版社，2021.

[41] 邵浩. 预训练语言模型[M]. 北京：电子工业出版社，2021.

[42] JOVANOVIC M, CAMPBELL M. Generative Artificial Intelligence: Trends and Prospects[J]. Computer, 2022, 55(10):107-112.

[43] 萨瓦斯·伊尔蒂利姆. 精通 Transformer：从零开始构建最先进的 NLP 模型[M]. 江红，余青松，余靖，译. 北京：北京理工大学出版社，2023.

[44] 彼得·J. 本特利. 十堂极简人工智能课[M]. 许东华，译. 江苏：译林出版社，2023.

[45] 丁磊. 生成式人工智能[M]. 北京：中信出版集团，2023.

[46] 苏达哈尔桑·拉维昌迪兰. Bert 基础教程：Transformer 大模型实战[M]. 周参，译. 北京：人民邮电出版社，2023.

[47] 矣晓沅，谢幸. 大模型道德价值观对齐问题剖析[J]. 计算机研究与发展，2023，60（9）：1926-1945.

[48] LEE J, HSIANG J. Patent Claim Generation by Fine-Tuning OpenAI GPT-2[J]. World Patent Information,2020,62:101983.

[49] 杰米·萨斯坎德. 算法的力量：人类如何共同生存？[M]. 李大白，译. 北京：

北京日报出版社，2022．

[50] 胡振生，杨瑞，朱嘉豪，等．大语言模型在医学领域的研究与应用发展[J]．人工智能，2023（4）：10-19．

[51] 李寅，肖利华．从 ChatGPT 到 AIGC：智能创作与应用赋能[M]．北京：电子工业出版社，2023．

[52] 车万翔，郭江，崔一鸣．自然语言处理：基于预训练模型的方法[M]．北京：电子工业出版社，2021．

[53] 张俊林．这就是搜索引擎[M]．北京：电子工业出版社，2012．

[54] 罗刚．搜索引擎技术与发展[M]．北京：电子工业出版社，2020．

[55] 李白杨，白云，詹希旎，等．人工智能生成内容（AIGC）的技术特征与形态演进[J]．图书情报知识，2023，40（1）：66-74．

[56] 郑凯，王莳．人工智能在图像生成领域的应用——以 Stable Diffusion 和 ERNIE-ViLG 为例[J]．科技视界，2022（35）：50-54．

[57] 徐松林．生成式对抗网络研究综述[J]．电脑知识与技术，2019，15（3）：61-62．

[58] 喻国明，苏健威．生成式人工智能浪潮下的传播革命与媒介生态——从 ChatGPT 到全面智能化时代的未来[J]．新疆师范大学学报（哲学社会科学版），2023，44（5）：81-90．

[59] 李佳咪．昙花一现还是技术革命？——生成式人工智能的多维审视[J]．新闻与写作，2023（4）：4．

[60] 梅拉妮·米歇尔．第一推动丛书·综合系列：复杂（新版）[M]．唐璐，译．湖南：湖南科学技术出版社，2018．

[61] 吴国盛．什么是科学[M]．2 版．北京：商务印书馆，2023．

[62] 詹妮弗·内格尔．牛津通识读本：知识[M]．徐竹，译．江苏：译林出版社，2022．

[63] 罗伯特·马丁．人人都该懂的认识论[M]．高晓鹰，译．浙江：浙江人民出版社，2020．

[64] 杨亚光．杜威对知识论的改造及其当代效用[D]．北京：中国社会科学院大学，

2022．

[65] 卡尔·波普尔．客观知识[M]．舒炜光，等译．上海：上海译文出版社，2001．

[66] 竹内弘高，野中郁次郎．知识创造的螺旋：知识管理理论与案例研究[M]．陈劲，张月瑶，译．北京：人民邮电出版社，2022．

[67] 金福，金杰．知识涌现的特征及其管理研究[J]．企业改革与管理，2017（15）：3-4．

[68] 萨米尔·奥卡沙．牛津通识读本：科学哲学[M]．韩广忠，译．江苏：译林出版社，2013．

[69] 罗丝玛丽·卢金，栗浩洋．智能学习的未来[M]．徐烨华，译．浙江：浙江教育出版社，2020．

[70] 马歇尔麦克卢汉．理解媒介：论人的延伸[M]．何道宽，译．江苏：译林出版社，2019．

[71] 阿尔文·托夫勒．权力的转移[M]．黄锦桂，译．北京：中信出版集团，2018．

[72] 彼得·德鲁克．知识社会[M]．赵巍，译．北京：机械工业出版社，2021．

[73] 王连娟，张跃先，张翼．知识管理[M]．北京：人民邮电出版社，2016．

[74] 布莱恩·阿瑟．复杂经济学[M]．贾拥民，译．浙江：浙江人民出版社，2018．

[75] 布莱恩·阿瑟．技术的本质[M]．曹东溟，王健，译．浙江：浙江人民出版社，2016．

[76] 杨青峰，任锦鸾．发展负责任的数字经济[J]．中国科学院院刊，2021，36（7）：823-834．

[77] 杨青峰．未来制造：人工智能与工业互联网驱动的制造范式革命[M]．北京：电子工业出版社，2017．

[78] 克里斯·安德森．创客：新工业革命[M]．北京：中信出版集团，2015．

[79] 托马斯·库恩．科学革命的结构[M]．金吾伦，胡新和，译．北京：北京大学出版社，2017．

[80] 杨青峰，李晓华．数字经济的技术经济范式结构、制约因素及发展策略[J]．湖北大学学报（哲学社会科学版），2021，48（1）：126-136．

[81] 王诺，毕学成，许鑫．先利其器：元宇宙场景下的 AIGC 及其 GLAM 应用机遇[J]．图书馆论坛，2023，43（2）：117-124．

[82] YANG D, ZHOU J, CHEN R, et al. Expert Consensus on the Metaverse in Medicine[J]. Clinical eHealth, 2022, 5: 1-9.

[83] 王树义，张庆薇.ChatGPT 给科研工作者带来的机遇与挑战[J]．图书馆论坛，2023，43（3）：109-118．

[84] 赵熠如．ChatGPT 火了 巨头纷纷加速入局[N]．中国商报，2023-02-15（005）．

[85] 张赛男．ChatGPT 搅动 AI 芯片"春水"[N]．21 世纪经济报道，2023-02-09（009）．

[86] 梅夏英，曹建峰．从信息互联到价值互联：元宇宙中知识经济的模式变革与治理重构[J]．图书与情报，2021（6）：69-74．

[87] 钟义信．范式革命：人工智能基础理论源头创新的必由之路[J]．人民论坛·学术前沿，2021（23）：22-40．

[88] 陈燕青．互联网巨头加速布局 ChatGPT 相关领域[N]．深圳商报，2023-02-15（A05）．

[89] 张夏恒.基于新一代人工智能技术（ChatGPT）的数字经济发展研究[J]．长安大学学报（社会科学版），2023，25（3）：55-64．

[90] 袁传玺．近 300 家企业成文心一言首批生态合作伙伴 AIGC 竞争白热化 百度胜算几何？[N]．证券日报，2023-02-21（B02）．

[91] 饶先成．困境与出路：人工智能编创物的保护路径选择与构建[J]．出版发行研究，2020（11）：80-87．

[92] 罗茂林．涟漪扩散：内容产业的 AIGC 变革[N]．上海证券报，2023-02-23（005）．